吉 田 伸 夫

宇宙を統べる
方程式

高 校 数 学 か ら の 宇 宙 論 入 門

講 談 社

ブックデザイン━━━桐畑恭子
本文図版━━━㈱さくら工芸社

は じ め に

　宇宙論とは、宇宙全体の性質や歴史を扱う学問で、物理学の中では、一般の人も比較的興味を示す分野である。宇宙論に関するわかりやすい解説書は数多く出版されており、名著と言えるものも少なくない。しかし、そこからさらに一歩進んで、数式を基に宇宙論を理解したいと思うと、いきなり敷居が高くなる。数式のない一般向けの本と、大学院で専門的に宇宙論を学ぶ人向けの本はあっても、その中間が乏しいのである。ノーベル賞を受賞した素粒子論研究者であると同時に有能な著述家でもあるスティーブン・ワインバーグの著書で言えば、『宇宙創成はじめの3分間』（小尾信彌訳、ちくま学芸文庫）と『ワインバーグの宇宙論（上・下）』（小松英一郎訳、日本評論社）の間の段差が大きすぎる。

　本書は、高校物理を学習し終えた読者を想定し、一様等方宇宙の全体的な時間変化というテーマに絞ることによって、高校数学（数学Ⅲまで）の範囲で理解できるように心がけた「数式のある」宇宙論入門書である。『ワインバーグの宇宙論』が読みこなせる人には、何の価値もない。しかし、数式のない解説書を読んだ後、知識の羅列を眺めるだけでは満足できず、自分で数式を扱ってみたいと感じた人には、いささかなりともお役に立てると思う。

　宇宙論の学習書がしばしばきわめて難解なのは、アインシュタイン方程式に主な原因がある。ニュートンの理論で、重力が1個のポテンシャルで記述されたのに対して、一般相対論になると、10個ある計量場の成分で表される。計量場とは、時間と空間の伸縮やゆがみ・ねじれを表す量で、それぞれの場所におけるエネルギーや運動量によって変動する。この変動を表す偏微分方程式がアインシュタイン方程式であり、ほとんどの場合、解を簡単な式で表すことができない。解の振る舞いは直観的に理解しづらく、専門家でも手を焼く。

　しかし、空間のどの場所も同じ状態で（一様）、周囲のどの方向に目を向けても違いがない（等方）という条件を課すと、方程式は一挙にシンプルになる。解くべき方程式は、フリードマン方程式とエネルギー保存則の2つだけ。いずれも時間に関する常微分方程式で、ほぼ高校数学で扱うことができる（高校数学を逸脱したり、やや高度な部分は、本文から分離した【数学的補遺】で説明

した）。単純な方程式だが、これを解くことによって、宇宙の過去と未来に関する重要な情報を引き出すことができる。

　物理学というと、ひたすら数式を操って答えを求める学問だと誤解する人がいるが、そんなことはない。数式は、考察を進めるための一つの手段にすぎない。多くの物理学者は、数式とともに、視覚的なイメージや言語による概念を参考にし、あらゆる可能な手法を総動員しながら対象を理解しようと試みる。それが物理学本来の方法論なのである。

　宇宙論は、宇宙の始まりや運命といった大きなテーマを、単純な方程式と結びつけて議論する。したがって、単に数式を変形して答えを求めただけでは、何も理解したことにならない。方程式やその解が物理的に何を意味するかを考え、宇宙に関する物理学的な描像を作り上げることが、重要な作業となる。本書は、そうした作業がやりやすいように、単に数式を並べるのではなく、言葉による具体的な説明に多くのページを費やした。

　本書の構成は次の通りである。

　第1章は、一般相対論に関する概説に当てた。この部分にはどうしても偏微分やテンソルなどの高度な数学を使わざるを得なかったが、無理に理解しようとしなくてもかまわない。重要なのは、アインシュタイン方程式が、時空のゆがみに関する幾何学的な左辺と、エネルギーや運動量で表される物理学的な右辺を結びつける点である。この点さえ把握できれば、式の詳細にこだわる必要はない。

　第2章では、類書であまり触れられないアインシュタインの静止宇宙を取り上げた。銀河系の外がどうなっているか天文学的な知見がほとんど得られていない時代に、アインシュタインが宇宙の果てについてどんな思弁を巡らせたかは、それが結果的に誤っていたとしても、知っておく価値があるだろう。

　第3章は、一様等方性を前提としたフリードマンの宇宙模型を扱う。一部の教科書には、フリードマンが、「宇宙項を含まないモデル」を考察したと書かれているが、原論文を読めばわかるように、これは誤りである。彼は、宇宙項を含むときのスケール因子の振る舞いを、正しく分類した。この事実を鑑み、本書では、宇宙項を含む一様等方宇宙の時間変化を表す方程式を、「フリードマン方程式」と呼んでいる。

　第4章では、ルメートルのモデルを取り上げたが、特に、観測データとの比較と、宇宙の始まりに関する議論に重点を置いた。第5章は、初期宇宙の熱力学的な状態に着目し、物質がどのように生まれたかを論じた。

　第6章は、インフレーション理論に関する入門的な解説で、暗黒エネルギーの正体など、多くの問題が未解決であることを指摘する。

　本書が、宇宙論を習得する階梯の2段目として役に立つことを願う。

CHAPTER 1　宇宙の形

001

CHAPTER 2　アインシュタインの宇宙モデル

047

CHAPTER 3　フリードマン方程式

079

CHAPTER 5　初期宇宙の熱史

151

CHAPTER 6　変化する暗黒エネルギー

196

ギリシャ文字の読み方

大文字	小文字	読み方
A	α	アルファ
B	β	ベータ
Γ	γ	ガンマ
Δ	δ	デルタ
E	ε	イプシロン
Z	ζ	ゼータ
H	η	イータ
Θ	θ	シータ
I	ι	イオタ
K	κ	カッパ
Λ	λ	ラムダ
M	μ	ミュー
N	ν	ニュー
Ξ	ξ	グザイ
O	o	オミクロン
Π	π	パイ
P	ρ	ロー
Σ	σ	シグマ
T	τ	タウ
Υ	υ	ウプシロン
Φ	ϕ	ファイ
X	χ	カイ
Ψ	ψ	プサイ
Ω	ω	オメガ

宇宙の形

　地球から天空を眺めると、太陽、月、惑星以外の恒星は、すべて同じ配置を保ったまま、1日に1回の割合で周回運動をするように見える。古代の人々は、この現象を、恒星を載せた天球（恒星天）が回転することの現れだと見なした。この立場からすると、恒星が無限の彼方まで存在するとは考えられない。無限の彼方にある恒星が1日で宇宙空間を一周するためには、無限のスピードで動く必要があるからだ。

　古代ギリシャの哲学者アリストテレスは、こうしたロジックに基づいて、恒星天が宇宙の果てであり、その外側は存在しないと主張した。「外側に何もない」のではなく、「外側という場所がない」のである。実に明快で論理的な（だが、誤った）主張である。

　このように、天動説を突き詰めると、宇宙は回転するコンパクトな実体と見なされる。それ故、1543年にコペルニクスが『天体の回転について』を出版したとき、彼は、宇宙の中心を地球から太陽に変更しただけでなく、宇宙全体の見方を革新するきっかけを作ったと言える。地動説によれば、宇宙空間は恒星天のような運動する実体ではなく、その内部に天体が浮かぶ空虚な容れ物にすぎず、大きさが有限である必然性もない。

　だが、宇宙空間が無限の空虚だとすると、天体の分布はどのように決定されるのだろうか？　太陽系やそのほかの天体は、果てしなく拡がる空間の一隅に局在する、ささやかな集団なのか？　あるいは、宇宙空間全域を埋め尽くすように、数限りない天体が存在するのか？

　この問題には、コペルニクスに続いて地動説の立場を採用したケプラーやガリレオも、等しく悩まされた。二人とも、宇宙空間の限界については明言せず、恒星は地球から遠ざかるにつれて数を減らすのではないかと推測した。17世紀のニュートンになると、空間に限界はなく、どこまでも拡がる空間内部に無

数の天体が存在する可能性を指摘している★¹。ただし、アインシュタイン以前のどの科学者も、宇宙全体がどのように構成されるかを、確固たる学説に基づいて議論することはできなかった。

　空間（および時間）を単なる枠組みとして議論しようとする限り、宇宙全体に関して思索を巡らすのは、不可能とは言わないまでもきわめて難しい。空間が無限ならば物質の分布はいかようにもなり得るし、空間が有限だとすると、何が空間を有限に押しとどめるか説明しなければならない。

　アインシュタインの一般相対論は、明確な科学的議論に基づいて、こうした障害を取り除くことに成功した。ごく大ざっぱに言えば、空間や時間は単なる容れ物ではなく、物質と密接に相互作用をする実体なのである。物質が持つエネルギーによって空間・時間はゆがみ、このゆがみのせいでエネルギーの伝わる向きが曲げられる。状況によっては、果てのない空間の大きさが有限だったり、時間が特定の瞬間から始まることも、理論的に可能となる。

　現在では、こうした空間・時間概念に基づいて、多くの物理学者が宇宙の全体像を真剣に論じている。この第1章では、すべての始まりとなる一般相対論の基礎を解説したい。

§1-1 　重力と時間

　電磁気現象が時間・空間の構造と密接に関係するという特殊相対論を完成したアインシュタインは、続いて、重力の問題に挑戦した。この挑戦は、最終的には一般相対論という壮大な理論へと発展するが、その出発点になったのは、重力の作用が時間の進み方と関係するというアイデアである。

🌐 重力作用による時間の遅れ

時間と重力が関係することを示す実験は、これまで数多く行われているが、

★1 … コペルニクスからニュートンに至るまでのさまざまな宇宙論に関しては、アレクサンドル・コイレ著『コスモスの崩壊──閉ざされた世界から無限の宇宙へ』（白水社）に詳しい。

最新のものとしては、2020年に東京スカイツリーで行われた実験がある。

　この実験では、450メートルの標高差がある東京スカイツリーの地上階と展望台に光格子時計を設置し、それぞれの時計で進み方にどれだけの差が生じるかが計測された。

　インターネットなどで利用される協定世界時は、1億年に1秒しか狂わないとされるセシウム原子時計を基に決定される。ところが、光格子時計は、多数のストロンチウム原子を格子状に並べて利用する新しいタイプの原子時計で、理論的には100億年に1秒の誤差しかない。日本人研究者のアイデアに基づいて2014年に開発されたもので、スカイツリーの実験では、運搬可能なように小型化された光格子時計がはじめて使用された。

　計測の結果によると、展望台の時計の方が、1日に4.26ナノ秒（1ナノ秒は10億分の1秒）という一定の割合で、地上階より速く進んでいた（図1-1）。

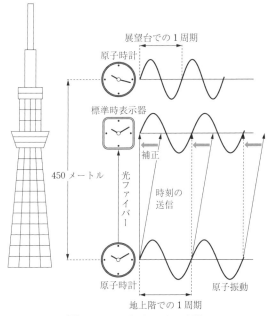

図1-1　スカイツリー実験

　標高によって精密時計が異なる進み方を示したのは、時計が狂ったからではない。光格子時計は、原子の振動という物理現象に基づいて時間を計測する。振動する原子をどのように配置するかも、レーザー光線の干渉を利用して決定

しており、機械式時計のように、軸受けの摩耗や金属部品の磁化によって時計の進み方がおかしくなることはない。

さらに、温度や気圧、電磁気の効果は注意深く取り除いてあり、計測結果に影響を与えない。したがって、標高による違いを生む要因としては、重力しか考えられない。光格子時計の進み方が異なるのは、基礎的な物理現象の周期が重力に応じて変化した結果なのである。

ここで「周期が変化した」と言ったが、何がどう変化したかを適切に指定する必要がある。地上階から見ると展望台の時計が早く進んでいるが、展望台からすると地上階の時計が遅れるように見える。どちら側でも、自分たちの時間は原子振動の周期という物理現象に基づいて決めたものであり、物理的に正確な時間だと主張できるはずである。

議論を明確にするため、地上階を標高ゼロの基準点とし、そこでの時間を標準時としよう。1回限りの実験ならば、計測後に展望台の時計を地上階まで移送して比較すれば良いが、時間変化を継続的に調べる場合は、基準となる地上階の時間データを展望台に光ファイバーなどで送信しなければならない。地上階から展望台までの所要時間を補正すれば、送信されたデータを基に、地上階にある時計と同じ時刻を表示する装置を用意できる。

いまや、展望台には2つの時計がある。1つは、そこでの原子振動に基づいて時間を決定する「物理的な時計」。もう1つは、標高の低い基準点から送られるデータを示す「標準時表示器」。物理的な時計が表示する時間は、その時計が置かれた地点での原子振動の周期によって、目盛りが決められる。

重力による時間の変化は、展望台に置かれた物理的な時計の示す（原子振動の周期の何倍かという）時間が、標準時表示器の時間よりも一定の割合で早く進むという形で現れる。ここで、

（物理的な時計の経過時間）＝（係数）×（標準時表示器の経過時間）

と書くことにすると、基準点よりも標高の高い地点では、係数が1より大きくなる。もし、この係数が標高に比例するのならば、高さを y、比例係数を k として

（係数）＝ $1 + ky$ (1.1)

と表せる。

　少し先回りしてコメントしておくと、一般相対論とは、（経過時間だけではなく空間間隔をも含めて）この係数を決定する理論である。後の議論では、「標準時」に限定せず、人間が自分の都合で勝手に決めた、指標となる時間（および空間）を考える。こうした人為的な指標は、時間座標（および空間座標）と呼ばれる。

　スカイツリーでの実験の場合、2つの時計のずれと一般相対論の式を比較すると、両者の標高差が452.603メートル（誤差39ミリメートル）と求められる。一方、レーザー光線を使って標高差を実測すると、452.596メートル（誤差13ミリメートル）となり、時計のずれから求めた値と誤差範囲内で完全に一致した。この結果は、一般相対論が正当な理論であることを強く示唆する。

　こうした時間の伸縮は、どのようにして重力の作用と結びつくのか？ 鍵になるのは、エネルギーである。

🌐 エネルギーとは何か

　物理学には、さまざまなエネルギーが登場する。運動する物体が持つ運動エネルギー、バネのような弾性体の内部に蓄積される弾性エネルギー、重力が作用するときの物体の位置によって決まる重力の位置エネルギー、電場や磁場が持つ電磁気的エネルギー、物質内部を伝わって移動する熱エネルギーなどなど。

　こうした各種のエネルギーは、互いに変換されることはあっても、その総量が変化することはないとされる。「エネルギー保存則」は、物理学の根幹をなす重要な性質であり、物理学のどの教科書にも書かれている。だが、高校や大学初年級の物理学では、なぜエネルギーが保存するのかという理由は明かされない。しばしば、何の説明もなく頭ごなしに教えられ、学生を困惑させる。

　実は、20世紀に至るまで、物理学者にとっても、エネルギーの正体は謎だった。「物理的な仕事を遂行するのに必要な能力」といった漠然としたイメージはあるものの、「エネルギーとは何で、なぜ保存するか」という問いに答える術がなかった。エネルギーの正体が明らかになるのは、1915年に、当時はまだ珍しかった女性の数学者エミー・ネーターによって「ネーターの定理」が証明されてからである。

　ネーターの定理はきわめて包括的な内容で、多くの分野に応用できる。エネルギーの場合について言うと、時間の経過によって物理法則が変わらなければ、その不変性の結果として、保存量の存在が数学的に導かれるというもの★2。この保存量がエネルギーなのである。

　時間以外のケースでも、ネーターの定理を使うことによって保存法則が導ける。空間のいずれかの方向に移動しても物理法則が変わらなければ運動量保存則が、空間内部で回転しても変わらなければ角運動量保存則が成立する。

　ゲージ対称性と呼ばれる抽象的な性質にネーターの定理を当てはめると、ゲージ変換に対する不変性から電荷の保存則が得られる。電荷の総量は、電子や陽子の個数が変わらないから保存されるのではなく、ゲージ変換に対する不変性があるから一定の値に保たれる。電子や陽子が、粒子ではなく実は波だという量子論になっても、ゲージ不変性によって電荷の保存が保証されるのである。

　エネルギーとは、「時間が経っても物理法則が変わらない」という時間経過に対する不変性に起因する保存量である。かつての「仕事を遂行する能力」といったイメージは、学生に教える際には役に立つものの、エネルギーの本質を捉えていない。

　当然のことながら、エネルギーと時間は密接に関係する。時間が伸び縮みする場合には、エネルギー保存則に時間の伸縮に関する係数が含まれる。このことを、質量mの粒子（大きさが無視できる小物体）のケースで説明しよう。

　特殊相対論によると、物体内部に閉じ込められたエネルギーEは、その物体を外から見たときの質量mに等しい。これが有名なアインシュタインの関係式である。

★2 … 証明には変分法を用いるため、数学的にやや高度なテクニックが必要となる。具体的な証明法は、物理数学の参考書か、拙著『明解量子宇宙論入門』（講談社）第4章などを参照されたい。なお、厳密に言うと、ネーターの定理は微分形で表されており、時間が経っても一定に保たれる保存量の存在は、微分形の式を積分してはじめて証明される。宇宙論における暗黒エネルギーのように、積分形での保存則を満たさないケースもあるので、使い方に注意が必要。物理学者は微分形の法則を「エネルギー保存則」と呼ぶので、積分形に直せなくてもエネルギー保存則が破れるとは言わないが、常に一定の値を保つエネルギーを定義することはできない。

$$E = mc^2 \tag{1.2}$$

(1.2)式右辺に現れるcは、単位を換算するための係数である。時間と空間の長さは、本来は同じ単位を用いるのが適当なのに、人間の都合によって、それぞれ秒とメートルという物理法則とは無関係の単位が使われるため、換算係数c [m/s] が必要になった。

cは光が伝播する速度でもあるが、エネルギーと質量の関係に光が関与するわけではない。光の伝播もエネルギーと質量の関係も、時間と空間の対称性に関わるため、結果的にどちらの公式にもcが含まれるのである。ただし、cの呼び名が「時間と空間の単位の換算係数」では長すぎて不便なので、「光速」と呼ぶことにする。

1983年の国際度量衡総会で、cは誤差のない単なる数として与えられた。それによると、cの値はきっかり299792458 [m/s]。本書では、しばしば概数として「3×10^8 [m/s]」、あるいは、「秒速30万キロメートル」を使う。

(1.2)式は、粒子が静止する座標系で見たときの、粒子内部に蓄えられるエネルギーである。粒子が速度vで運動する座標系に移ると、粒子が持つエネルギーは次のように書き換えられる。

$$\frac{mc^2}{\sqrt{1 - (v/c)^2}} \tag{1.3}$$

運動物体のエネルギーが(1.3)式で与えられるのは、粒子が静止する座標系に対して速度vで運動する座標系に変換する際に、「運動する時計は遅れる」という相対論的な効果によって時間の伸び縮みが起きるからである。ネーターの定理を介してエネルギーと時間が結びつけられることの現れと言ってよい。

(1.3)式の導き方は、解析力学の知識のある読者のために、【数学的補遺1-1】として章末に記しておく。

粒子の運動速度vが光速cよりも充分小さいならば、次の近似式を適用できる。

$$\frac{1}{\sqrt{1 - x}} \approx 1 + \frac{1}{2}x \quad \text{for } |x| \ll 1$$

この近似を用いると(1.3)式は、

$$E = \frac{mc^2}{\sqrt{1 - (v/c)^2}} \approx mc^2 + \frac{1}{2}mv^2 \tag{1.4}$$

となる。これは、質量 m による"質量エネルギー mc^2"と、ニュートン力学でも登場する"運動エネルギー $\frac{1}{2}mv^2$"の和と見なすことができる。力が作用していない場合、エネルギー E の値が一定に保たれるというエネルギー保存則は、速度 v が変化しない等速度運動になることを意味する。

運動エネルギーは、「動くことの勢い」だと思われるかもしれないが、理論的には、ここで示したような形式的な議論だけで定義される。

🌐 重力が作用するときのエネルギー

それでは、重力が作用するときのエネルギー保存則はどうなるのか。ここではまず、多くの人に知られている光のエネルギーを取り上げよう。

アインシュタインの光量子論によれば、振動数 ν の光は、$h\nu$ というエネルギー量子の集まりのように振る舞う。ただし、h はプランク定数と呼ばれるもので、これも光速 c と同じく、換算のための係数として誤差なしに定義される。

電磁場が荷電粒子などと相互作用してエネルギーをやり取りする際には、エネルギー量子が丸ごと吸収または放出される。このため、あたかもエネルギーの塊となる粒子（光子）が飛び回っており、この光子が相互作用によって吸収・放出されるとイメージしても、誤りとは言えない。ただし、力学で扱われる点状の粒子ではなく、あくまで、電磁場の振動が特定のエネルギー状態をとったものと考えるべきである。

振動数 ν は、1秒間に何回振動するかを表す量なので、時間の伸び縮みが起きると、それに応じて ν が変化する。

議論を簡単にするため、y 軸負の向きだけに重力が作用する場合を考える。このとき、$y = 0$ の地点を基準として、それより下方（y が負となる）では高さに対して一定の割合で時間の進み方が遅くなり、上方では同じ割合で早くなると仮定する（この仮定は、すぐ後で、より一般的な形に置き換える）。$y = 0$ に置いた時計が表す時刻を標準時 t とし、$y = 0$ 以外の地点でも標準時表示器を使って標準時が示されるものとする。言い換えれば、標準時は時間座標として使われることになる。標準時に対して、下方では遅れ上方では進む時間を、次

のように係数を付けて表す。

$$(1 + ky)t \tag{1.5}$$

(1.5)式は、スカイツリーの光格子時計実験で用いた(1.1)式と基本的に同じである。ただし、$t = 0$となる瞬間には、すべての場所の時計が標準時表示器に合わせてゼロという時刻を示すように調整されると仮定した。

(1.5)式によれば、$y = 0$の基準点にある時計が1秒進む間に、1メートル低い（$y = -1$）地点の時計は$(1 - k)$秒しか進まない。逆に、高度が1メートル高くなると、同じ時間に$(1 + k)$秒進む。

こうした時間の伸縮が起きると、それに伴って、標準時に基づく原子や光の振動数νは、

$$\nu' = (1 + ky)\nu$$

に変化する。ν'は、時間座標として用いる標準時表示器の時間tを使って、ある場所における1秒あたりの振動回数を数えたもので、その場所の時計で計った振動数ではない。ここで、光量子論を前提とすると、振動数の変化に伴って、光子のエネルギーが、

$$h\nu \rightarrow h\nu(1 + ky) \tag{1.6}$$

に変わる。

ニュートンの理論では、光は質量を持たないので重力とは無関係に伝わるとされる。しかし、アインシュタインの考えによると、重力と直接的に関わるのはエネルギーであり、光もエネルギーを持つので、必然的に重力の影響を受ける。

それでは、光以外の物質ではどうなるのか。アインシュタインが重力のエネルギーについて考察した時期（1907年から数年間）には、まだ量子論が未発達で、通常の物質と振動数を結びつける方法が確立されていなかった。しかし、1920年代半ば以降に量子論の体系化が進められ、あらゆる物質の状態を振動として表す理論が構築される。

電子のような素粒子に関しては、場の量子論に基づいて、場が振動するときの振動数と、共鳴状態として現れる粒子のエネルギーが結びつけられる。場の

量子論の非相対論的な近似だと考えられる量子力学では、シュレディンガーが導入した波動関数に、エネルギーをプランク定数で割った値を振動数とする振動部分が現れる。素粒子論で記述しきれない一般的な物質も量子論に従っているとの見方が強まり、あらゆる物理現象の根底には、エネルギーに比例する振動数での振動が存在すると考えられるようになった。

この観点からすると、光に限らずあらゆる物質で、高さに比例する時間の伸び縮みがあるときには、(1.6)式と同じように、エネルギー×$(1 + ky)$という形でエネルギーが変化すると予想される[★3]。

基準地点$y = 0$との標高差に応じて時間の伸縮が一定の割合kで生じる場合、高さyの地点に位置する質量m、速度vの粒子のエネルギーは、重力がないときの(1.3)式に、(1.5)式に由来する係数が付いた次式で与えられる。

$$\frac{mc^2\,(1 + ky)}{\sqrt{1 - (v/c)^2}} \tag{1.7}$$

ここまでの議論では、時間の伸縮が標高に比例するという(1.5)式を仮定してきた。だが、重力の強さは一般に場所ごとに複雑に変化しており、高さに対して一定の割合で変化すると見なせるのは、通常、ごく狭い範囲に限った場合の話である。したがって、(1.5)式は、$|ky|$が1より充分に小さい場合の近似式だと考えられる。また、(1.4)式を導いたときと同じように、粒子の速度vは光速cよりきわめて小さいとする。このとき、(1.7)式は次のように近似できる。

$$\frac{mc^2\,(1 + ky)}{\sqrt{1 - (v/c)^2}} \approx mc^2\left(1 + \frac{v^2}{2c^2}\right)(1 + ky) \approx mc^2 + \frac{1}{2}mv^2 + mc^2 ky \tag{1.8}$$

この式は、時間の伸縮が高さyの1次関数で近似される範囲では、質量mの物体が持つエネルギーが、次の3つの項の和で表されることを意味する。

質量エネルギー $\quad mc^2$
運動エネルギー $\quad \dfrac{1}{2}mv^2$
位置エネルギー $\quad m\,(c^2 k)\,y$

[★3] … 量子論を使わずに標高に応じたエネルギーの変化を計算することも可能だが、式変形がかなり面倒になる。具体的な計算の仕方は、ランダウ゠リフシッツ著『場の古典論』（東京図書）第10章(89.9)式などを参照。

3番目のエネルギーは、高さを表す位置座標 y に依存するエネルギーなので位置エネルギーと書いたが、重力作用による時間の伸縮に由来するので、重力の位置エネルギーと考えてよい。

天体の表面付近における重力の位置エネルギーは、高さ y の1次関数として表されることが知られている。地球の場合、地表付近の重力加速度を g（= 9.8メートル毎秒毎秒）とすると、高さ y の地点で質量 m の物体が持つ位置エネルギーは、mgy で与えられる。したがって、時間の伸縮を表す係数 k と重力加速度 g の間には、次の関係式が成り立つと予想される。

$$g = c^2 k \tag{1.9}$$

地表付近で運動する質量 m の粒子を考えよう。空気抵抗などの重力以外の力はいっさい作用しないと仮定し、さらに、(1.9)式の置き換えをしてエネルギー保存則の式を立てる。質量エネルギー mc^2 は（核反応などが起きない限り）変化しないので、これを別にして運動エネルギーと位置エネルギーの和を E と書くと、次式を得る。

$$E = \frac{1}{2}mv^2 + mgy$$

これは、鉛直下向きに重力加速度 g の重力が作用する場合の力学的エネルギー保存則の式として、高校物理などでお馴染みだろう。鉛直方向の運動だけを考える場合は、$v = dy/dt$ と置いて微分方程式を解けば、鉛直下向きの加速度が g に等しい等加速度運動になることがわかる。

ニュートン以来、放物運動は、物体に直に重力が作用して生じると考えられてきた。しかし、ここまで示してきたように、実は、時間が伸び縮みした結果として生じた運動なのである。

このことは、近代の物理学者を長く悩ませてきた放物運動の謎を解決する。地表付近で放り出された物体は、空気抵抗などが無視できるならば、質量によらず同じ重力加速度で運動する。ニュートン力学で考えると、そのためには、重力の大きさが物体の質量 m に比例し、比例係数は材質によらず一定値 g でなければならない。そうであれば、運動方程式 $f = ma$ の f に重力 mg を代入して、どの物体も同じ重力加速度 g で運動することが導ける。しかし、重力が常に mg に等しくなる理由は不明である。

アインシュタインが見出した解答は、(1.7)式に集約される。重力の効果は、

その場所における時間の伸縮を通じて現れるので、すべての物体に同じように（共通の係数 $1 + ky$ が掛かるという形で）作用するのである★4。個々の物体ごとに質量に比例する重力が働く訳ではない。

🌐 重力ポテンシャルを用いた式

ここまでは、時間の伸縮が位置座標の1次式で表されるという特別な状況を考えてきた。だが、こうした状況は、天体の表面付近など限られた範囲でしか成立しない。

もし、時間の伸縮を表す係数が、あらゆる範囲で $1 + ky$ になるのならば、$y = -1/k$ となる地点でこの係数がゼロとなり、時間が流れない（ように見える）領域が現れる。これは、ブラックホールならぬブラックウォールとでも呼ぶべき領域で、その先からはいっさいの光がやってこなくなる限界地点である。実際には、この領域に達する手前で1次式の近似が成り立たなくなるはずである★5。

1次式に代わる一般的な公式を見つけるためのステップとして、天体周辺の重力を、もう少し詳しく考えてみよう。

ニュートンは、地表付近にある質量 m の物体に加わる重力 mg は、地球と物体の間に働く万有引力だと考えた。話を簡単にするため、地球は、質量 M、半径 R の密度が一様な球だと仮定する。また、他の天体からの重力や遠心力が無視できるように、無重力空間で孤立し自転もしていないとする。

万有引力の理論によると、このとき地表の物体に加わる力は、物体と地球それぞれの質量に比例し、距離（地球が球対称ならば球の中心からの距離）の2乗に反比例する。地球の中心から地表までの距離は地球の半径 R なので、比例

★4 … 厳密に言えば、時間の伸縮だけでなく、重力が空間をゆがめる効果も考慮する必要がある。しかし、質量を持つ物体の運動は、通常は光速に比べてかなり遅いため、空間のゆがみによる影響は小さく、時間の伸縮を考えるだけでニュートン力学の結果を再現できる。一方、光は常に光速で伝播するので、時間と空間双方の伸縮・ゆがみを考慮しなければ、正確な軌跡を求められない。

★5 … 1次式近似が成り立たない場合でも、きわめて高密度の天体が存在すると、見かけ上、時間の経過がなくなる領域が現れることがある。これが、ブラックホールの表面に相当するシュヴァルツシルト面である。

係数をGとすると、物体に作用する万有引力は、GmM/R^2になる。Gは万有引力定数（ニュートンの重力定数）と呼ばれる。

　地表の物体に作用する万有引力は、重力mgと同じものである（図1-2）。したがって、重力加速度gは、

$$g = \frac{GM}{R^2}$$

と表される。

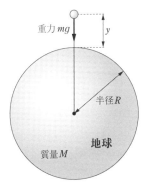

重力mg

y

半径R

地球

質量M

図1-2　地表の物体に作用する重力

　万有引力の理論によると、地表よりも高い地点にある質量mの物体が持つ位置エネルギーは、地球の中心からの距離をrとすると、$-GmM/r$となることが知られている。ニュートン力学では、このエネルギーは、電荷qの荷電粒子が電位（電気的ポテンシャル）ϕの地点に置かれたときの位置エネルギーが$q\phi$になるのと同じように、質量mの物体が重力ポテンシャル$\Phi(r)$の地点に置かれたことによるエネルギーだと解釈される。位置エネルギーの式から、重力ポテンシャルは次のように書かれる。

$$\Phi(r) = -\frac{GM}{r} \tag{1.10}$$

　地表から高さyの地点での位置エネルギーが近似的にmgyになることは、重力ポテンシャルを用いた次の近似計算によって説明できる。

$$-\frac{GM}{R+y} \approx -\frac{GM}{R}\left(1-\frac{y}{R}\right) = -\frac{GM}{R} + (\text{定数}) \times y$$

あるいは、（定数）をgと置いて

$$gy \approx \Phi(R + y) - \Phi(R) \tag{1.11}$$

つまり、地表付近での位置エネルギー mgy とは、その地点と基準点（$y = 0$）での重力ポテンシャルの差を y の1次式で近似し、質量 m を乗じたものである。

重力加速度 g と時間の伸縮を表す係数 k の間には、(1.9)式に示したように $g = c^2 k$ という関係式があるのだから、(1.11)式は

$$1 + ky \approx 1 + \frac{1}{c^2}\{\Phi(R + y) - \Phi(R)\} \tag{1.12}$$

と書き直される。

(1.12)式は、$r = R$（$y = 0$）を基準として、時間がどの程度の変化を受けるかを示す係数の式である。ただし、この式はまだ一般的とは言えない。

地表付近の現象を考える場合は、地上を基準としても問題はない。しかし、宇宙での状況を考える際には、天体の表面である $r = R$ の地点に基準を設けるのではなく、個々の天体からの重力の影響を受けなくなる $r = \infty$（数学的な無限大ではなく、「他のスケールに比べてきわめて大きい」という物理的な意味での無限大）を考えた方がわかりやすい。これは、重力ポテンシャル Φ がゼロの地点を基準にすることに当たる★6。

(1.12)式のように $\Phi(R)$ を基準とし、そこから y の距離にある地点の時間の伸縮を考えるのではなく、$\Phi = 0$ を基準として、任意の場所（座標は特定しない）での時間の伸縮を表す係数を問題としよう。この係数は(1.12)式の左辺に相当し、右辺は基準を $\Phi(R)$ から $\Phi = 0$ に変更したものとなる。したがって、次のように結論される。

重力とは、重力ポテンシャル Φ の地点では、時間が $1 + \Phi/c^2$ という割合で伸縮することによって生じる現象である。

アインシュタインは、1911年頃までにこのアイデアに到達した。ただし、これが最終的な理論ではなく、その後の数年間で、かなりの変更を余儀なくされる。

★6 … 宇宙全体の振る舞いを問題とする宇宙論では、個々の天体の重力が区別できないように、すべての天体を細かく砕いて宇宙空間全域に等しい密度でばらまいたと仮定したときの重力ポテンシャルを基準とする

COLUMN
なぜ時間の伸縮は実感されないのか？

　ここまでの議論に対して、「日常的な実感とは違いすぎる」と違和感を覚え
た読者も少なくなかったのではないだろうか。

　日常生活では、時間が伸びたり縮んだりすることは、（心理的な錯覚を別に
すれば）実感することができない。「スカイツリーの展望台では、地上階に比
べて時間がわずかに速く進む」と聞かされても、人間が感じ取れるような差で
はない。

　時間の伸縮がそれほどわずかであるにもかかわらず、重力の効果ははっきり
と目に見える巨大なものである。手を離すと、物はストンと落下する。この効
果が時間の伸縮に起因するとは、にわかには信じられないだろう。

　しかし、こうした"感じ"は脳が作り出した錯覚である。

　重力による加速度運動とは、時間（および空間）の伸縮やゆがみによって軌
道が曲げられる現象である。ブラックホールの近傍ならいざ知らず、人間が生
きる領域では、こうした伸縮やゆがみはごくわずかでしかない。このため、重
力の影響はきわめて小さく、重力以外の作用を受けない物体は、基本的には、
慣性の法則に従って直線運動を続けようとする。

　何を馬鹿な——と思うかもしれない。地球は太陽の周りを秒速30キロメー
トルで公転している。直線運動ではなく円運動ではないかと言いたくなるだろ
う。しかし、それは時間軸を考慮しない考え方である。

　時間軸まで考えると、地球は、太陽の周りで螺旋（つるまきバネの形）を描
く（図1-3）。太陽の周りを1回転する周期は1年だが、1年とは、実は、物理的
に見てきわめて長い期間なのである。

　人間は、自分勝手に秒とメートルという別々の単位を採用し、時間と空間を
測る。だが、時間と空間は、本来は一体化して時空を構成するので、長さを測
るときには同じ単位を使うのが自然である。秒とメートルという人為的な単位
を、物理的な単位に換算する際に係数となるのが、（すでに述べたように）光
速cである。したがって、1年を時間の単位とするならば、空間の単位として

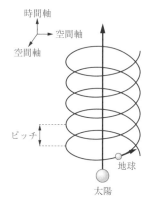

図 1-3　時空内部で見た地球の軌道

自然なのは、光が1年間に進む距離1光年である。

　1光年とは約9.5兆キロメートル、地球の公転半径である天文単位のおよそ6万倍である。地球が太陽の周りを円運動していると思うのは人間の偏った見方であり、実際は、ピッチ（螺旋に沿って1回転したとき軸方向に進む距離）が半径の6万倍もある、ほとんど真っ直ぐにしか見えないほど引き延ばされた螺旋なのである。

　物理的な立場からすると、地球は、太陽と並んで宇宙空間をほぼ慣性運動している。だが、長時間にわたって観測を続けると、少しずつ軌道が曲がることがわかる。このわずかに曲がった螺旋軌道を、人間は時間軸を無視して円運動と解釈するのである。

　地球の公転運動だけではない。地表近くで観測される放物運動も、ほんのわずかだけ伸縮した時間によって軌道が曲がる現象である。

　地表付近にある物体の場合、時間の伸縮のせいで、地球に近いほど時間がゆっくりと進む。このため、放り投げられた物体は、地球に近い側の運動が遠い側よりもわずかに遅れる。そのせいで、地球を内側にするように軌道が曲げられる。

　電気的な力は、電荷の符号によって力の向きが異なるが、重力は作用の方向性が定まっているため、時間（および空間）の伸縮がごくわずかであっても、着実に同じ方向にカーブする。その結果、地球の近くに置かれた物体は、宇宙空間から見ると地球と並ぶようにして直線的な慣性運動を続けながら、地球に

向かうごく小さな重力加速度を持つことで、長い時間をかけて少しずつ地球に近づいていく。

　重力による加速度運動は、このようにきわめてゆっくりした現象であるにもかかわらず、観測する人間の思考が同程度にゆっくりしているため、素早い動きに見えてしまう。

　自然界における物理現象の基礎になるのは素粒子反応だが、その反応速度は、人間の思考速度に比べるときわめて速い。電子のように例外的に安定な素粒子を別にすると、大半の素粒子は、100万分の1秒とか、さらにその100万分の1以下といった短い時間で崩壊する（ミュー粒子の平均寿命は100万分の2秒、荷電パイ中間子は1億分の3秒、Wボソンは1兆分の1秒のさらに1兆分の1以下である）。人間の認知限界を遥かに超えているが、これが、物理現象の基礎過程なのである。

　一方、人間の認知能力を支える神経細胞は、イオンの移動によって作動する。濃度にわずかな差があることで、統計的な現象としてゆっくりとイオンが移動し、それにともなって細胞膜内外での電位差が変動する。この変動が神経活動を引き起こすのだから、神経の働きは、基礎的な物理現象に比べてきわめてゆっくりとしたものになる。感覚器が刺激されてから認知が成立するまで、少なくとも数百ミリ秒程度は掛かるが、これは、光が10万キロメートルほども進める長い時間である。

　きわめてゆっくりした神経活動によって、きわめてゆっくりした重力の作用を認知するので、人間からすると、まるで物体がストンと落下するように見える。時間の伸縮が人間に感知できないほどわずかなのに、それが引き起こす重力作用が大きな効果と感じられるのには、こうした理由がある。

§1-2 重力と時空の幾何学

（§1-2と§1-3では、偏微分やテンソルなどを用いた数学的な議論が続きます。式の意味がよくわからない、数式ばかりで面白くないと感じる場合は、§1-3の終わりにある「🌐 アインシュタイン方程式の右辺──物理学的な項」と「🌐 アインシュタイン方程式の

左辺——幾何学的な項」をざっと読み、計量場の定義 (1.21) とアインシュタイン方程式 (1.25) を眺めるだけで充分です。第2章以降の本文では、偏微分は使いません。また、一般相対論の基礎を勉強済みの読者は、§1-2と§1-3とばしてもかまいません）

　ニュートンの重力理論は、17世紀に提唱された当初から、多くの批判にさらされた。何よりも、力を伝達する媒質がないにもかかわらず、遠く離れた地点まで一瞬に到達するという性質が、いかがわしいものと見なされたのである。何人もの科学者が、重力を伝える“エーテル”が宇宙空間を満たしており、重力ポテンシャルは、その状態を表す量だと主張した。だが、そこから新しい知見をもたらす理論を作ることは、誰にもできなかった。

　アインシュタインは、重力の作用を生み出すのが時間の伸縮であることを見出した。ニュートン力学では運動を記述するための枠組みとして、宇宙全域で均一に流れると見なされた時間が、まるでゴムのように伸び縮みすることで重力の作用を生み出すのである。

　もっとも、これだけでは理論としての整合性に欠ける。すでに特殊相対論において、時間と空間は一体となって時空を構成すると主張されていた。一貫した理論を構築するには、時間だけでなく空間の伸縮も考慮しなければならない。当初、アインシュタインは、光速 c を場所によって変化する関数とすることで、時間と空間双方の伸縮を扱う理論にできないかと考えた。これは、一つの関数で重力が規定されるという理論であり、現在の用語を使えば、スカラー重力理論と呼ばれるものである。だが、このやり方では、満足のいく理論を構築できなかった。

　ブレイクスルーは、1912年にもたらされた。チューリッヒ工科大学の教授に就任したアインシュタインは、そこで幾何学の教授を務めていた旧友グロスマンに再会し、彼からリーマン幾何学について知らされたのである。二人は、重力の媒質とされた“エーテル”に相当するのが時空そのものであり、時空が伸び縮みすることで重力作用が生じるという新たな重力理論を構想する。

🌐 ガウスの曲面論

　本を読んでいるときにうっかり水をこぼすと、乾かした後もページが波打つ。水がしみ込んで紙の繊維が移動し、繊維同士の間隔が変化するからであ

る。複数の次元を持つ時空で伸縮が生じたときも、水に濡れた2次元の紙面と同じように、時空は平坦ではいられなくなる。

　平坦でない面を扱う幾何学としては、19世紀前半にガウスが研究した曲面論がある。これは、後にリーマン幾何学へと拡張され、一般相対論の礎となるが、ここでは、直感的でわかりやすいガウスの議論を見ることにしよう。

　ガウスの曲面論とは、3次元ユークリッド空間内部に2次元のなめらかな曲面が存在する場合、曲面の形状がどのように表されるかを論じたものである。
　まず、曲面上の座標を決定しよう。数学的に厄介な問題（トポロジーや特異点の存在など）に頭を悩ませなくても済むように、2次元直交座標(x, y)が描かれたゴム製の方眼紙を使って座標を定義することを考える。この方眼紙は、どの部分も伸縮自在であり、適当に引き延ばしたり縮めたりしながら、さまざまな形状の曲面にぴったりと貼り付けられるものとする（図1-4）。穴を開けたり重ねたりしないという条件を付けると、曲面全域を覆えない場合も出てくるが、その場合は、方眼紙を貼り付けた部分に議論を限ればよい。この条件下では、もともと方眼紙に描かれていた直交座標はなめらかに変形されて曲線となるが、方眼紙が貼り付けられた部分ならば、曲面上の任意の点をxとyの2つの座標で一意的に指定できるという性質は変わらない。

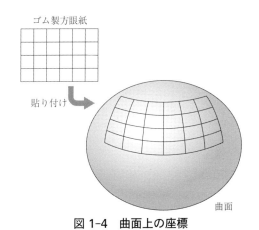

図1-4　曲面上の座標

　曲面には、絶対的な基準となる座標軸を設定できない。ユークリッド幾何学の成り立つ世界ならば、直交座標を使うと、座標の値が一定となる線は座標軸

に平行な直線となる。しかし、曲面上では、そもそも「平行な直線」を引くことはできない。各地点ごとに固有の曲がり方をした座標を、人間が状況に応じて設定する必要がある。

　平坦でない面の幾何学では、人間が決めた座標系を使って、図形の持つ客観的な性質を記述する必要がある。一般相対論のわかりにくさは、主にこの点に由来する。

　平面上で等間隔に目盛りが付けられた直交座標系が定義されていれば、座標の差を読むだけで2点間の距離が求められる。点PとQの間のxおよびy座標の差が、それぞれΔxとΔyならば、ピタゴラスの定理によって、PQ間の距離Δsは、

$$(\Delta s)^2 = (\Delta x)^2 + (\Delta y)^2$$

と与えられる。xとyの座標軸が直交していない場合は、余弦定理によって、PQ間の距離は、

$$(\Delta s)^2 = (\Delta x)^2 + (\Delta y)^2 - 2\Delta x \Delta y \cos \theta$$

になる（図1-5）。θはx軸とy軸のなす角度である。

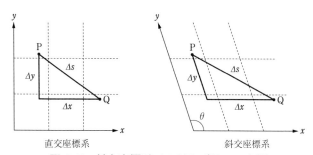

直交座標系　　　　　　　　　　　斜交座標系

図1-5　斜交座標系でのピタゴラスの定理

　ところが、曲面の幾何学になると、座標は場所ごとに異なる曲がり方をしており、こうした簡単な公式は使えない。xy座標も、目盛りの間隔がどこも等しいのではなく、場所によって伸びたり縮んだりしていると考えるべきである。

　後々のことを考えて、線分が曲面からはみ出さないように議論を制限しよう。そのために、Δxと表される有限の間隔ではなく、曲面の湾曲がわからなくなるほど充分に小さな間隔を考えることにする。この間隔は、状況に応じて

任意に小さくできる量という意味で、微分量 dx あるいは dy と表される。dx と dy の大きさは、座標の目盛り（ゴム製の方眼紙に記された直交座標の目盛りが伸び縮みしたもの）を使って読み取れるものとする。

　Δs は、もともとPとQを結ぶ線分の長さなので、曲面からはみ出すこともあり得た。ガウスの曲面論では、Δs の値は、曲面を包含する3次元ユークリッド空間で定義される長さを表す。しかし、微分量 dx と dy は曲面の湾曲が無視できるほど小さな間隔なので、線分PQは、外部にはみ出さず面に沿っていると見なせる。したがって、PQ間の距離を表す微分量 ds は、曲面内部で定義されると考えてよい。

　曲面の曲がり方や座標の伸縮が場所ごとに異なるので、ds と $dx,\ dy$ を結びつける量も、曲面上の場所の関数となる。ここでは、ピタゴラスの定理を拡張して長さを決めることにして、ds を次のように表記する。

$$ds^2 = g_{xx}dx^2 + g_{yy}dy^2 + 2g_{xy}dxdy \tag{1.13}$$

　g_{xx} と g_{yy} は、x 座標と y 座標が伸び縮みした影響を表す係数である。2つの座標が直交するとは限らないので、(1.13)式には、余弦定理の場合と同じように、$dxdy$ の項も含めた。ただし、$dxdy$ と $dydx$ の係数は等しくなる（すなわち、$g_{xy} = g_{yx}$）と仮定して、項を一つにまとめた[★7]。

　ここで導入した g_{xy} などを用いると、わずかに離れた2地点の間隔を、曲面上で定義される関数を使って表せる。このように、微分量を使うことで、曲面の外にあるユークリッド空間に言及せずに長さを定義する手法が、微分幾何学という分野の出発点である。

　g_{xy} などは、曲面上の長さを場所ごとに定義する関数であり、「計量場」と呼ばれる。一般相対論になると、計量場は重力の作用と結びつくため、「重力場」という名称も使われる。

🌐 曲率とは何か

　一般相対論で特に重要になるのが、時空の曲がり具合を表す「曲率」である。

★7 … 通常の一般相対論の定式化では、この仮定は（しばしば暗黙のうちに）認められるが、これを認めない「拡張された一般相対論」もあり得る。

イメージを得やすいように、まず、平面曲線（平面内部で定義される曲線）の曲率から話を始めよう。

　なめらかな平面曲線を考える。この曲線上のある点における接線と法線（接点を通り接線に垂直な線）を描き、接線をx軸、法線をy軸に選ぶ（図1-6）。この座標軸を使って、曲線を、$y = f(x)$という関数のグラフと見なすことにする。fの1階微分はグラフの傾きを表すが、ここでは接線方向にx軸をとったので、接点での傾きはゼロとなる。2階微分はグラフの曲がり方を表しており、傾きがゼロとなる接点においては、2階微分の絶対値が曲率と一致する。また、曲率の逆数を曲率半径と呼ぶ。

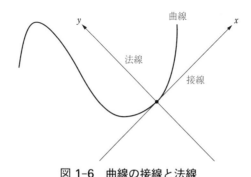

図 1-6　曲線の接線と法線

　半径aの円周（の上半分）を表す関数は

$$f(x) = \sqrt{a^2 - x^2}$$

なので、1階微分、2階微分は、それぞれ

$$f'(x) = \frac{-x}{\sqrt{a^2 - x^2}} \qquad\qquad f''(x) = \frac{-a^2}{(a^2 - x^2)\sqrt{a^2 - x^2}}$$

と求められる。接線の傾きがゼロになるのは$x = 0$であり、この点における2階微分の絶対値は$1/a$となるが、円周の曲がり方はどの点でも等しいので、$1/a$が円周の任意の点における曲率である。円の曲率半径は、円の半径そのものに等しい。

　以上の議論からわかるように、なめらかな平面曲線の場合、考えている点で曲線に接し、2階微分で表される曲がり方が一致する円を描いたとき、円の半

径が曲線の曲率半径となる。

　次に、3次元ユークリッド空間内部のなめらかな2次元曲面に話を進めよう。曲面上のある点における法線（その点で曲面に接する接平面に垂直な線）を含む平面を考える。法線を軸にしてこの平面をぐるりと1回転させると、曲面との交線の形が連続的に変わり、それに伴って、接点での交線の曲率も変化する（図1-7）。曲面がなめらかならば曲率の変化は連続的であり、しかも、一周すると元に戻るという周期性があるので、曲率には最大値と最小値がある（曲率が一定ならば両者は一致する）。この最大値と最小値の積が、ガウス曲率と呼ばれる曲率となる。

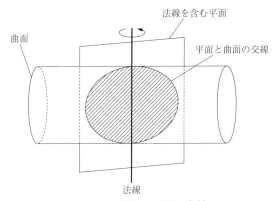

図 1-7　曲面と平面の交線

　ここで、きわめて重要な定理が成立する。ガウス曲率は、曲面の計量場から導けるという定理である。この定理を発見したガウスは、そのあまりの意外さに、「驚異の定理」と呼んだ。
　なぜこの定理が驚異なのか？ ふつうに考えれば、曲面がどれくらい曲がっているかは、外から見なければわからないように思える。ところが、計量場は、曲面内部だけで定義できる。曲面に含まれる「内在量」だけを使って、曲面の曲がり方がわかるというのである。
　地表が曲面だと人間が気がついたのは、地球の外側を観測できたからである。南中時の太陽の高度が緯度によって異なるとか、南半球と北半球で見える星座が違うといった観測結果が、地球の丸さを示している。出航した船が遠方

で水平線の彼方に消えるというのも、マストのように海面から突き出したものについての言明である。光が地球の外側を直進するから消えるように見えるのであって、光線が地表面に沿うように伝わるのならば、水平線は存在しない。

計量場は、曲面の外側を見なくても、正確な物差しを使えば、ピタゴラスの定理からのずれとして測定できる。曲面に束縛され、ほんのわずかでも飛び出すことができない2次元人がいたとして、仮にこうした精密測定が実行できれば、自分たちが住んでいるのが、平面ではなく曲がった面だとわかるのである。

もっとも、ガウス曲率だけで、曲面の曲がり方が完全にわかるわけではない。例として、円柱側面を考えよう（再び図1-7）。円柱側面の法線は、中心軸から垂直に伸ばした直線である。この直線を含む平面をぐるりと回転させた場合、円柱側面との交線は、平面が円柱の中心軸に垂直な場合は円、平行な場合は直線となる。前者の曲率は円の半径の逆数、後者の曲率はゼロなので、両者の積として定義されるガウス曲率はゼロである。ガウス曲率がゼロであるにもかかわらず、円柱側面は、3次元ユークリッド空間の内部で明らかに曲がっている。

しかし、円柱側面の曲がり方は、球面などとは異なる。画用紙に2次元直交座標系を描き、クルクルと円筒形に丸めることをイメージしていただきたい。平面の状態で描いた直交座標系は、ゴム製の方眼紙を球面に貼り付けるときのように部分的に伸縮させなくても、丸まった円柱側面上で任意の位置を指定するための座標系として使える。平面のときの座標系と比べてどこも伸び縮みしていないことが、「ガウス曲率ゼロ」の意味なのである。

🌐 球面の微分幾何学

抽象的な議論ばかりだとわかりにくいので、具体的な例を用いて説明しよう。3次元ユークリッド空間内部に存在する半径aの球（3次元球）の表面（2次元球面）を考えることにする。

球面上の任意の点における法線は、必ず球の中心を通るので、法線を含む平面と球面の交線は、常に球面の大円になる。この大円の曲率半径はa、曲率は$1/a$なので、前節のガウス曲率の定義から明らかなように、球面のどの地点でもガウス曲率は$1/a^2$になる。

そこで、このガウス曲率と球面上の計量場がどのような関係になるかを調べ

てみよう。

まず、外側の3次元ユークリッド空間の位置を表すのに、xyw という3つの直交座標を考える。この座標系の原点に中心がある半径 a の球の表面は、次式で与えられる。

$$x^2 + y^2 + w^2 = a^2 \tag{1.14}$$

x と y の値を指定すれば、(1.14) 式によって w の値は定まるので、球面上（曖昧さのないように $w > 0$ とする）の位置は、x と y だけで決定する。これは、xy 平面上の直交座標を射影することで、球面上で2次元座標系 (x, y) を定義したことに相当する。2次元直交座標系を描いたゴム製の方眼紙を球面に貼り付けたと考えてもよい。

ここで、球面上の座標が (x, y) の点Pと、そこから x 座標が Δx、y 座標が Δy だけ離れた球面上の点 Q$(x + \Delta x, y + \Delta y)$ の間隔 Δs を求めてみよう。

微分の扱いに慣れていない人のために、ユークリッド空間の座標を使った議論から始めよう。xyw 座標で表される点 P(x, y, w) と点 Q$(x + \Delta x, y + \Delta y, w + \Delta w)$ の間隔は、

$$\Delta s^2 = \Delta x^2 + \Delta y^2 + \Delta w^2 \tag{1.15}$$

で与えられる。

ここで、点PとQがいずれも半径 a の球面上にあるという条件から、次の制限が課される。

$$x^2 + y^2 + w^2 = (x + \Delta x)^2 + (y + \Delta y)^2 + (w + \Delta w)^2 = a^2$$

Δ の付く量の2乗は充分に小さいとして、これを無視する近似を採用すると、

$$x\Delta x + y\Delta y + w\Delta w \approx 0$$

あるいは、書き換えて、

$$\Delta w^2 \approx \frac{(x\Delta x + y\Delta y)^2}{a^2 - x^2 - y^2} \tag{1.16}$$

となる。

(1.16) 式を (1.15) 式に代入すれば、PQ間の距離が求められる。ここで、Δx や Δy を小さくする極限を考えて微分量 dx、dy で置き換え、微分量の関係式と

して（近似ではなく）等号を用いれば、次のように表される。

$$ds^2 = \left\{ 1 + \frac{x^2}{a^2 - x^2 - y^2} \right\} dx^2 + \left\{ 1 + \frac{y^2}{a^2 - x^2 - y^2} \right\} dy^2 + \frac{2xy}{a^2 - x^2 - y^2} dx dy$$

$$(1.17)$$

微分量を問題としているので、PQ間の距離は曲面上で考えることができ、曲面の外にはみ出た部分を考慮する必要はない。

(1.13)式と比較するとわかるように、(1.17)式は、球面上の計量場 $g_{\mu\nu}$ を与える（ここでは、μ、ν は x または y を表すものとする）。

$$g_{xx} = 1 + \frac{x^2}{a^2 - x^2 - y^2}, \quad g_{yy} = 1 + \frac{y^2}{a^2 - x^2 - y^2}, \quad g_{xy} = g_{yx} = \frac{xy}{a^2 - x^2 - y^2}$$

$$(1.18)$$

(1.18)式は、後でアインシュタイン解やフリードマン解を議論する際に参照する。

　驚異の定理は、球面のガウス曲率が計量場から導かれるというものだが、そこで示される計算式はきわめて複雑であり、書き記すだけでもたいへんな手間となる。ましてや、実際に曲率を求めるのは、計算の達人でないとまず無理。ただし、球面に限ると、計算を大幅に簡単化する裏技がある。

　球面は、球対称性があるので、どの地点でも同じガウス曲率を持つ。したがって、$x = y = 0$ となる点でガウス曲率を求めれば、その値がすべての地点でのガウス曲率となる。

　(1.18)式から明らかなように、$x = y = 0$ では、$g_{\mu\nu}$ を μ が行、ν が列を表す行列と見なすと、対角項が1、非対角項が0の単位行列の形になる。また、$g_{\mu\nu}$ の1階微分で $x = y = 0$ と置くとすべての項がゼロとなる。さらに、$g_{\mu\nu}$ の2階微分では、微分演算が分子に作用する場合だけが $x = y = 0$ と置いたときにゼロにならない。結局、$g_{\mu\nu}$ の1階ないし2階微分の項では、

$$\left[\frac{\partial^2 g_{xx}}{\partial x^2} \right]_{x=y=0} = \left[\frac{\partial^2 g_{yy}}{\partial y^2} \right]_{x=y=0} = \frac{2}{a^2}$$

$$\left[\frac{\partial^2 g_{xy}}{\partial x \partial y} \right]_{x=y=0} = \left[\frac{\partial^2 g_{yx}}{\partial x \partial y} \right]_{x=y=0} = \frac{1}{a^2}$$

だけが残る（∂は偏微分を表す記号で、∂/∂xは、yを固定して定数と見なしたときのxによる微分、∂/∂yはxを固定したときのyによる微分を意味する）。

このように、x = y = 0に限定するならば、計量場は単位行列（したがって、その逆行列も単位行列）なので、計算が簡単になる。また、計量場の微分は2階微分の限られた項だけが残り、その値はガウス曲率$1/a^2$の1ないし2倍となる。

この結果は、「計量場とその微分だけを使ってガウス曲率が導かれる」という驚異の定理が、球面の場合には成り立つことを示す[★8]。一般の曲面については、ガウスの証明を信じることにして、話を先に進めよう。

§1-3 アインシュタイン方程式

重力は時間の伸縮に起因するというアインシュタインのアイデアは、グロスマンの協力を得たことで急速に深化される。二人の共同研究は、「時間だけでなく空間も伸縮し、その結果、物理現象の生起する"場"がゆがんだ4次元時空になる」という理論（一般相対論の原型）として結実する。

アインシュタインとグロスマンは、次のような段階を経て、計量場の物理学を構想した。

- **(1)** 時間と空間を、計量場を用いて統合する。
- **(2)** 物理的な長さの不変性を基に、一般相対性という要請を課す。
- **(3)** 計量場と物質の状態を結びつける方程式を見出す。

(3)の方程式は、右辺と左辺の形をそれぞれ決定しなければならない。

- **(a)方程式の右辺：** 物質の状態を表す物理学的な項
- **(b)方程式の左辺：** 計量場とその微分を組み合わせた幾何学的な項

こうした段階をすべて遂行すれば、最終的に、幾何学的な項と物理学的な項を結びつける「アインシュタイン方程式」が得られる。

★8 … この言い方は、数学的には厳密でない。計量場とその微分を組み合わせてスカラー量（座標変換しても変わらない量）を作ったとき、それがガウス曲率と一致することを示さなければならない。

　残念ながら、アインシュタインとグロスマンは方程式の左辺を決定することができず、1913年の共著論文で、一般相対論は完成しなかった。この理論が完成するまでに、アインシュタインはさらに3年近くを要し、最後は、数学者ヒルベルトと先陣争いを繰り広げることになる。

🌐 時間と空間の統合

　1905年に完成された特殊相対論は、電磁気学的な現象に基づいて時間と空間を統合するものだった。この段階では、時空の伸縮は考慮されておらず、ある瞬間の空間的な性質に注目すると、ユークリッド幾何学が成り立つ。1次元の時間と3次元の空間をあわせた4次元時空とは言っても、時間も空間もゆがみのない平坦な世界を扱っていた。

　一般相対論になると、時間と空間がそれぞれ伸び縮みし、両者が絡み合って時空が複雑にゆがむ。その結果として、数学的な扱いが格段に難しくなる。

　まず、空間座標と同じ形式で時間座標を表すことにしよう。

　(1.5)式で示した時間tの伸縮を表す係数は、空間における計量場（(1.13)式）と同様に定義されるg_{tt}を使って書き直される。

$$1 + ky \approx \sqrt{|g_{tt}|} \tag{1.19}$$

ただし、$1 + ky$という係数が近似的なので、近似式の形で表した。

　(1.5)式のtは、地上階の原子時計が示す標準時であり、展望台などそれぞれの場所での物理現象に基づく物理的な（真の）時間ではなく、人間が自分の都合で決めた恣意的な時間座標である。この時間座標と真の時間を結びつける係数が$1 + ky$だが、計量場の成分g_{tt}は時間座標の2乗の係数なので、(1.19)式では根号を付けた（絶対値を付けたのは、すぐ後で示す計量場の符号の定義による）。

　(1.12)式とそれに続く議論で示したように、時間の伸縮は、重力ポテンシャルΦと結びつく。一方、(1.19)式によって、計量場の時間に関する成分は、時間の伸縮によって表される。両者を併せると、次の近似的な関係式が得られる。

$$|g_{tt}| \approx \left(1 + \frac{1}{c^2}\Phi\right)^2 \approx 1 + \frac{2}{c^2}\Phi \tag{1.20}$$

4次元時空では項数が多くなるので、時間のtや空間のxyzという記号をいちいち書くのは煩わしい。そこで、次のように、0から3までの数字をxの右上に添え字として付けることで、時間や空間のそれぞれの座標を表すことにする。

$$t \to x^0, \quad x \to x^1, \quad y \to x^2, \quad z \to x^3$$

さらに、0から3までの数字をギリシャ文字（μ, νが多く使われる）で代表させよう。

$$x^\mu \quad (\mu = 0, 1, 2, 3)$$

μは、0から3までのどれかを表す。この略記法を用いると、4次元時空に拡張した計量場の式は、次のように表される。

$$ds^2 = \sum_{\mu,\nu=0}^{3} g_{\mu\nu} dx^\mu dx^\nu \tag{1.21}$$

重力作用のない平坦な時空の場合、計量場$g_{\mu\nu}$は、

$$\begin{pmatrix} -1 & 0 & 0 & 0 \\ 0 & +1 & 0 & 0 \\ 0 & 0 & +1 & 0 \\ 0 & 0 & 0 & +1 \end{pmatrix}$$

となる。

ここで、g_{00}とg_{11}, g_{22}, g_{33}の符号が異なることが、時間と空間を区別する。物理学的に時間と空間の違いを最も端的に示すのが、この符号の差異であり、加えて、次元数（時間1次元、空間3次元）と境界条件（時間の一方の端がエントロピー極小）によって時間と空間の差が生じる。

対角成分の符号が時間と空間とで異なる理由は、特殊相対論に関わる問題なので、本書では解説しない。

符号の流儀について一言。本書では、平坦な時空における計量場の符号を、左上から右下（添え字が00から33）に、順に$(-, +, +, +)$としたが、$(+, -, -, -)$とする流儀もある。どちらも同じくらい使われており、流儀によって数式の各項に付けられる符号が変わるが、専門家以外はあまり気にする必要がない。

🌐 物理的な長さの基準

　曲面論の出発点において、ガウスは、曲面上にある2点間の距離は、外側の
ユークリッド空間におけるピタゴラスの定理を使って求めるものとした。そう
しなければ、曲面上での長さが定義できず、幾何学的な議論ができないように
思われたからである。曲面上でも曲線座標系を考えることができたが、これ
は、人間が恣意的に設定したものであり、この座標系で長さを与える計量場は、
恣意的な座標とユークリッド空間で与えられる"真の長さ"を関係づけるため
の便宜的な量と考えられた。

　しかし、驚異の定理によって、外側のユークリッド空間に言及することなく、
曲面だけの幾何学を構築する可能性が見えてきた。そうした幾何学——リーマ
ン幾何学——を作るには、外側のユークリッド空間なしに"真の長さ"を定義
する必要がある。

　もう一度、(1.13)式を見ていただきたい。右辺に現れる dx や dy は、人間が
恣意的に（伸縮自在の方眼紙などによって）決めた座標系での微小量である。
数学では無限小とされるが、物理学的には、時空が平坦だと見なせるほど小さ
な間隔という意味であり、そこには、人間が与えた目盛りが付けられている。
したがって、dx や dy の値は、目盛りによって指定される座標の間隔であり、
これが計量場 $g_{\mu\nu}$ によって、ds という"真の長さ"と結びつけられる。

　それでは、ds とは何を意味するのか? ユークリッド幾何学では、長さは自明
とされており、2つの長さの大小関係が決定できるだけで、具体的な定義は与
えられていない。近代数学の立場からすると、長さは数学以外の方法による定
義を必要としない量であり、(1.13)式が幾何学世界での長さの定義とされる。

　しかし、物理学はそうではない。"真の長さ" ds は、物理的に決定される必
要がある。

　物理学における長さの基準は、空間ならば結晶格子の間隔、時間ならば原子
振動の周期といった、基礎的な物理現象に基づいて決められる。金属製の物差
しの場合は、量子力学によって金属イオンの配置が求められる（温度に依存す
るので、理論的には「絶対零度における」などの条件を課す）。したがって、空
間的な距離は、基準にした結晶格子何個分という形で決まる。時間も、原子時
計が基準を与える。現在では、セシウム原子の原子振動によって標準時が決め
られているが、光格子時計のような、より高精度の時計も開発された。

　こうした物理的な長さの基準が、より根源的な何かに由来することは、想像に難くない。例えばループ量子重力理論と呼ばれる最先端の理論では、時間・空間の構成要素となるループによって、長さの基準が与えられる。しかし、ループ量子重力理論が根源的な理論だと確定したわけではなく、物理的な基準がどのようにして生じるかは、いまだ不明である。現状では、ある地点における結晶の形成や原子振動のような物理現象を通じて、そこでの時間・空間の長さの基準が決まるとしか言えない。

　根源的な理論による説明はできないものの、ds が物理現象に基づいて測られる量だということは、正しく理解しておかなければならない。(1.13) 式において、dx や dy が恣意的に決められた座標の目盛りに基づく量であるのと異なり、ds は、原子間隔の何倍かと言った物理的な意味を持つ。

　「恣意的」とは言っても、物理学で使われる座標は、自由気ままに決められたものではない。多くの場合、ニュートン力学に基づいて、「宇宙空間は完全にユークリッド的である（したがって、ピタゴラスの定理が常に成り立つ）」「時間は宇宙のあらゆる地点で均一に流れる（したがって、どこかに置かれた一つの時計で全宇宙の時間が定まる）」と仮定したときの座標が使われる。ある地点での振動周期や原子間隔に基づいて時間座標と空間座標が定義され、これが宇宙の全域にまで外挿される。実際には、時間や空間は伸び縮みするのだが、そうしたことが起きないと仮定してさまざまな地点での物理現象を記述する枠組みとする。

　ds は、実際の物理現象に基づく間隔であり、計量場は、外挿された人為的な座標と現実の物理現象による時空の長さとの間のずれを補完する関数なのである。したがって、計量場そのものは物理的な実在ではないが、時空の伸縮という物理的な現象を考えるときに有用な量である。

🌐　一般相対性の要請

　ガウスは、曲面上に任意の座標系 (x, y) を考え、これを使って曲面上の位置を指定した。一般相対論でも、それと同じように、（「なめらかで一意的」などの条件を満たせば）人間が勝手に座標を選んでかまわない。時間・空間がゆがんでいる場合は、直線で座標軸を表すことができないため、座標は常に任意性を持っている。

　こうした任意性が、物理的な方程式に対してどのような制約を与えるかを考えることにしよう。

　さまざまな座標系を相互に結びつける座標変換としては、微小な連続変換だけを考えることにする。具体的には、伸縮自在のゴム製方眼紙をわずかに伸ばしたり縮めたりすることを思い描いていただきたい。極座標のように、大局的には直交座標と全く異なる座標系であっても、原点以外の領域を局所的に比べれば、直交座標（の一部）から極座標（の一部）へと連続的に変形できることがわかる。一般相対論における座標変換としては、こうした連続的な変形の途中の段階に相当する、なめらかな微小変換だけを問題とする。

　座標変換すると、いろいろな量が変わる。一般相対論で重要になるエネルギー密度も、単位体積当たりのエネルギーなので、座標の決め方によって変わる量である。

　しかし、物理量の値はともかく、「いかなる現象が生起するか」という状況は、人間がどんな座標を選ぶかによって変わることはないはずである。「ある座標系では核分裂が起きるが、同じ現象を別の座標で見ると、核分裂は起きていない」といった事態はあり得ない。「何が起きるか」が座標変換によって変わるような理論であってはならない。

　この要請は、一般相対論の基礎方程式に対する制約となる。座標変換したときに方程式の見かけが変わってもかまわないが、何が起きるかまで変わってはならない。

　単純な例を挙げよう。ニュートン力学で目盛りの単位をメートルからセンチメートルに変えると、方程式の各項に新たな係数が付く。このとき、重力加速度を9.8メートル毎秒毎秒から980センチメートル毎秒毎秒に変えるといった数値の変換を行うと、$f = ma$ のような運動方程式の形式は不変のまま、物理現象を新たな単位で記述することが可能になる。

　一般相対論の場合は、任意の座標変換に対して基礎方程式の形式が保たれることが要請される。これが、「一般相対性の要請」あるいは「一般相対性原理」である。この要請が満たされるためには、単位を変えるケースと同じように、座標変換に伴う変化がどこかに吸収される必要がある。

　それでは、座標変換に伴う変化とはどのようなものであり、その変化が吸収されるためには方程式がどんな形をしていれば良いのだろうか？

　座標変換に伴う変化に単純な規則性のない量は、一般相対論の基礎方程式に含まれる資格がない。資格があるのは、座標変換に対して変化しない量か、座標の微分量と同じように変化する量、あるいは、その変化が座標の微分量の変化と直接的に結びつくような量である。

　座標変換しても変わらない量は、スカラーと呼ばれる。代表的なスカラー量は質量である。ある物体の質量は、その物体が静止している座標系で見たとき、内部に蓄えられるエネルギーである。「その物体が静止している」という条件がつくので、物理現象を記述する座標系によらずに定まる。

　微小な長さ ds も、原子振動や結晶格子で与えられる基準の何倍かを表すので、座標に依存しないスカラーである。

　座標変換によって、座標の微分量 dx^μ と同じように変換される量もある。代表的なのが速度である。

　ある小物体が、時間座標の短い間隔 dx^0 の間に移動する距離を、dx^μ ($\mu = 1, 2, 3$) と書くことにしよう。座標ごとの移動距離 dx^μ を移動に要した時間 dx^0 で割れば、速度が求められるというのがニュートン力学の考え方である。

　しかし、相対論においては、このように定義された速度は、基礎方程式に現れる資格がない。空間間隔 dx^μ ($\mu = 1, 2, 3$) と時間間隔 dx^0 は、どちらも人間が勝手に決めてかまわない座標なので、前者を後者で割った量は、「座標と同じように変換される」ことにならないからである。

　座標と同じ変換性を持つ量にするには、2点間の間隔を割る時間として、物体とともに移動する時計で計った値を用いれば良い。この時間は、物体に固定した座標系から見たときの物理現象（原子振動など）によって定義されるもので、その物体固有の時間という意味で固有時と呼ばれる。物体が静止した座標系で定義した質量がスカラーになるのと同じように、固有時は、物体の運動を記述する座標系とは無関係のスカラーである。

　相対論的な速度は、固有時の短い間隔 $d\tau$ の間に時間および空間の4つの座標が dx^μ ($\mu = 0, 1, 2, 3$) だけ変化するとき、

$$v^\mu = \frac{dx^\mu}{d\tau}$$

となる。$d\tau$ が座標変換をしても変わらないスカラーなので、v^μ は座標変換に

対して、dx^μと同じように変わる[9]。

相対論的速度の微小な変化dv^μを固有時$d\tau$で割ったものが、相対論的な加速度である。相対論的加速度も、座標変換に対してdx^μと同じように変わる。

相対論的な速度や加速度は、いずれも時空の次元数に対応して4つの成分を持ち、各成分の変換の仕方が座標の微分量dx^μと同じになる。しかし、一般相対論には、時空の次元数と同じ数の成分を持ちながら、dx^μとは反対の変換性を示すものがある。その代表的な例が、計量場である。

(1.21)式を見ていただきたい。左辺のdsはスカラーであり、座標変換しても変わらない。一方、dx^μは座標変換によって変わるので、計量場$g_{\mu\nu}$は、座標変換したときの$dx^\mu dx^\nu$の変化を吸収するような反対の形で変換されるはずである。

計量場のように、時空の次元数に対応した0から3までの添え字を持つ量であっても、座標変換に対する変換性が反対になるものがある。そこで、dx^μと同じように変換される場合は添え字を右上に、dx^μと逆になる場合は添え字を右下につけるようにする[10]。

古典的な数学では、単に複数の成分を持つ量をベクトルと呼ぶが、相対論におけるベクトルは、座標変換に対する変換性がこの2つのいずれかに限られる。

ニュートン力学の速度がベクトルでないことはすでに示したが、他にも、添え字が付くのにベクトルでない量がいくつもある。例えば、電磁気学で用いられる電場や磁場は、ベクトルではない。これらはいずれも、2階テンソルの成分である。

テンソルとは、時空の次元数に対応した0から3までの添え字を持つ量を指す。ベクトルの場合と同様に、座標変換に対する変換性に応じて、添え字を右上や右下に書き、添え字の数に応じてn階テンソルと呼ぶ。ベクトルは、添え

★9 … 数式で表せば、座標をx^μからx'^μに変換したとき、座標の微分量は、$dx'^\mu = \sum_{\nu=0}^{3} \dfrac{\partial x'^\mu}{\partial x^\nu} dx^\nu$

のように変換される。速度の変換でも、これと同じ変換行列が現れる。

★10 … 数学や物理学の用語としては、dx^μと共通の変換性を持つベクトルを反変ベクトル、反対の変換性を持つベクトルを共変ベクトルと呼ぶ。呼び方が逆のような気もするが、dx^μと対になって座標変換の効果を吸収するような変換をco-variantと呼んだために、この名称となった。反変・共変という表現は混乱を招きやすいので、添え字の位置を指して「上付き」「下付き」と呼ぶことをお勧めする。

字が1つの1階テンソルと呼んでもよいが、本書では、添え字が2つ以上のものをテンソルと呼び、添え字が1つのものはベクトル、添え字がなく座標変換に対して不変になる量をスカラーと呼ぶことにする。

　一般相対性の要請を満たすような方程式はどのようなものになるのか？　座標変換に対する応答が、変化しないか、dx^μ と同じ変化をするか、dx^μ の変化を打ち消すような逆の変化をするか——のいずれかだとしよう。この場合、方程式の各項がどのように変化するかは、その項の上付き・下付の添え字が何個ずつかで決まる。

　もし、すべての項で添え字が同じ個数であれば、座標変換に対する応答は、それぞれの項に同じ係数（正確に言えば、添え字ごとの変換行列）が付くだけなので、方程式の基本的な形式は変わらない。このように、すべての項が同じ形の（上付き・下付き添え字の個数が等しい）テンソルになることが、一般相対性の要請が満たされるための制約である。

🌐 アインシュタイン方程式の右辺——物理学的な項

　アインシュタインとグロスマンは、重力に関する基礎方程式がテンソル式（各項の添え字の個数が等しいもの）でなければならないと結論した。すでにアインシュタインは、ニュートンの重力理論が時間の伸縮から導かれることを見出していた。これを手がかりに、テンソル式となる方程式を探索する試みが行われた。

　(1.20)式に示したように、計量場の00成分（(1.20)式の添え字 tt を00と読み替えてほしい）と重力ポテンシャルは、近似的な関係式で結ばれている。したがって、計量場 $g_{\mu\nu}$ に関する基礎方程式は、重力ポテンシャルが満たす方程式がその近似となる式のはずである。

　ニュートンの重力理論では、重力ポテンシャルは次の微分方程式を満たす。

$$\triangle\Phi = 4\pi G\rho \tag{1.22}$$

ただし、△（2つの座標の差を表すときに使ったデルタ Δ とは異なる）は次の微分を表す記号ラプラシアンである（$\partial/\partial x$ が他の変数を固定して x で微分する

という偏微分であることは、すでに説明したとおり）。

$$\triangle \equiv \frac{\partial^2}{\partial x^2} + \frac{\partial^2}{\partial y^2} + \frac{\partial^2}{\partial z^2}$$

また、ρ は質量密度を表す。

重力ポテンシャルの満たす微分方程式が(1.22)式になることは、章末の【数学的補遺1-2】で示す。

(1.20)式と(1.22)式を組み合わせると、計量場に関する次の（近似的な）微分方程式を得る。

$$|\triangle g_{00}| \approx \frac{8\pi G}{c^2}\rho = \kappa\epsilon \quad \left(\kappa = \frac{8\pi G}{c^4}, \quad \epsilon = \rho c^2\right) \tag{1.23}$$

一般相対論の場合、重力の源になるのは質量ではなくエネルギーなので、質量の c^2 倍がエネルギーになるというアインシュタインの関係式（(1.2)式）を使って、質量密度 ρ の c^2 倍をエネルギー密度 ϵ に書き直した。

アインシュタインとグロスマンは、(1.23)式が、計量場が満たす基礎方程式を近似したものだと（正しく）解釈した。左辺は、計量場から導かれる量で、時空の幾何学的な性質を表す。右辺は、エネルギー密度を成分とする物理的な項である。両辺とも、本来はテンソルで表される量であり、(1.23)式は、その特定の成分だけを近似したものである。

右辺の物理的な項に関しては、重力以外の分野で類似したものがすでに見出されていた。流体力学の分野で研究されていたエネルギー運動量テンソルである（「すでに見出されていた」と言っても、相対論的な形に直したのはアインシュタイン自身だが）。

エネルギー運動量テンソル $T_{\mu\nu}$ は、4次元時空で定義される2階テンソルで、その00成分はエネルギー密度を表す。したがって、(1.23)式の右辺は、時空内部の物質によるエネルギー運動量テンソルの00成分だと推測される。

流体力学の場合、エネルギー運動量テンソル $T_{\mu\nu}$ の各成分は、次のような物理的意味を持つ。

時間−時間成分 T_{00}　エネルギー密度
時間−空間成分 $T_{0j} = T_{j0}\,(j = 1, 2, 3)$　運動量（＝エネルギー流）密度
空間−空間成分 $T_{ij} = T_{ji}\,(i, j = 1, 2, 3)$　応力テンソル

空間 - 空間成分が何を意味するかがわかりにくいが、これは、第5章で気体分子運動を取り上げる際に説明したい。今の段階では、エネルギー運動量テンソルの各項は、エネルギーの密度や流れ、それに伴う応力など、大ざっぱにエネルギー絡みの項だと思ってかまわない。

　(1.23)式の右辺が、エネルギー運動量テンソルの00成分だとすると、もともとのテンソル式は、次のような形になるだろう（テンソルは共変と反変のいずれもあり得るが、ここでは共変テンソルの形で書いておく）。

$$\Gamma_{\mu\nu} = \kappa T_{\mu\nu} \tag{1.24}$$

左辺の$\Gamma_{\mu\nu}$は、計量場の2階微分を含む量で、時空の幾何学的な性質を表す2階テンソルである。

　1913年に発表されたアインシュタインとグロスマンの共著論文では、一般相対論の原型がここまで練り上げられていた。

🌐 アインシュタイン方程式の左辺──幾何学的な項

　方程式右辺の物理学的な項に比べると、左辺の幾何学的な項を特定するまでにはかなりの時間を要した。流体力学の知見が利用できたエネルギー運動量テンソルと異なり、幾何学的な項として何を持ってくればよいか、手がかりが全くと言ってよいほどなかったからである。

　アインシュタインは、「基礎方程式は、エネルギーの密度や流れによって時空の幾何学を決定する形になる」という発想を持っていた。時空の幾何学は、計量場によって表される時間・空間の伸縮によって定まる。したがって、基礎方程式の左辺は、計量場とその微分を組み合わせて作られる幾何学的な量になると予想される。

　元になった(1.23)式では、左辺は計量場の2階微分になることしか示されていない。右辺の物理的な項が2階のテンソルなので、一般共変性の要請から左辺も同じく2階テンソルであるという制約は付くが、それ以外には、近似すると(1.23)式になる式は何でも許されそうである。

　そこで、アインシュタインは、他の理論を参考にしながら、いくつかの制約を付け加えることで、左辺の形を決めようとした。特に重要なのが、計量場の微分はたかだか2階までで、2階微分は線形（その項に関して1次式）になると

いう制約である。

　ニュートン力学の運動方程式は、「力＝質量×加速度」という形式をしており、運動状態を表す量である加速度は、位置座標を時間で2階微分したものである。マクスウェル方程式は、見かけ上は1階微分の方程式が組み合わされたように見えるが、実は、電場と磁場は電磁ポテンシャルという単一の物理量を異なる視点から眺めたもので、電磁ポテンシャルという本来の物理的自由度を用いて方程式を立てると、2階微分の式になる。古典物理学の基礎方程式は、すべて、変数はたかだか座標の2階微分で、その項は線形である。

　重力に関して、同じ制約が満たされるべきだという確実な根拠はない。それどころか、重力の量子論を考える場合には、2階微分の非線形項や高階微分の項が含まれる方が自然である。しかし、重力の量子論はいまだ完成しておらず、量子論的でない重力理論を扱う場合、これらの項まで含めなければ説明のつかない物理現象は見つかっていない。このため、アインシュタインが主張した「たかだか2階微分までしか含まれず、2階微分の項は線形になる」という制約は、通常、一般相対論の前提として採用される（そうでない理論を作ろうとすると、ただでさえ難しい一般相対論が、悪魔的と言えるほど桁違いに難しい理論になる）。

　この制約を認めるならば、基礎方程式の左辺に現れる式の形が大幅に制限される。順に見ていこう。

　時空の幾何学を記述する基本変数は、2階共変テンソルの計量場 $g_{\mu\nu}$ である。

　計算をスムーズに行うために、計量場の逆 $g^{\mu\nu}$ も、（計量場から導かれる量でありながら）基本変数のように使われる。これは、計量場を行列と見なしたときの逆行列で、次式を満たす。

$$\sum_{\rho=0}^{3} g^{\mu\rho} g_{\rho\nu} = \begin{cases} 1 & (\mu = \nu) \\ 0 & (\mu \neq \nu) \end{cases}$$

$g^{\mu\nu}$ は、$g_{\mu\nu}$ とペアになって座標変換の効果を打ち消す量なので、2階反変テンソルである（それゆえ、添え字を右上につけた）。

　ここで重要なのは、計量場の微分そのものがテンソルでないため[★11]、計量場

★11 … その理由は、微分の定義にある。微分は、わずかに離れた2地点での関数の差を問題とす

とその微分から作られるテンソルの種類が制限されることである。特に、計量場の2階微分を含み、その項が線形になるような2階共変テンソルは、次に示す(1)と(2)しかない（後で(3)として示す宇宙項は別に考える）。

(1) リッチテンソル $R_{\mu\nu}$

曲率を表す基本テンソルとしては、曲率テンソル（または、リーマンテンソル）$R_{\alpha\mu\nu\beta}$ が知られている。ある領域で曲率テンソルがゼロならば、その領域は平坦である。曲率テンソルの具体的な形は、あまりに複雑になるので、一般相対論の専門書に譲る。

リッチテンソルは、曲率テンソルと計量場（およびその逆）から作られる2階テンソルである（添え字の付け方には、複数の流儀がある）。

$$R_{\mu\nu} \equiv \sum_{\alpha,\beta=0}^{3} g^{\alpha\beta} R_{\alpha\mu\nu\beta} \ (= R_{\nu\mu})$$

曲率テンソルやリッチテンソルは、計量場の2階微分を含むため、これらの積が基礎方程式の左辺に現れることはない。また、リッチテンソルの具体例は、第2章の球面状宇宙で紹介する。

アインシュタインとグロスマンは、当初、基礎方程式の左辺はリッチテンソルに等しいのではないかと推測した。しかし、そう仮定して何が起きるかを調べた結果、重力の基礎方程式としては不適当だと判明する。結局、二人の共同研究では、基礎方程式の完全な形を見つけることができなかった。

実は、線形な形で計量場の2階微分を含む2階テンソルは、他にもあった。

(2) 計量場とスカラー曲率の積 $g_{\mu\nu}R$

スカラー曲率 R とは、リッチテンソルと計量場から作られるスカラーである。

る。ところが、離れた地点では座標変換したときの応答が異なるため、差をとっただけでは、共通の形式で変換されることにならない。微分が共変になるためには、差だけではなく別の（アフィン接続と呼ばれる）項を付け加えて、いわゆる「共変微分」にしなければならない。ところが、共変微分の演算を計量場に施すと、ゼロになるという一般的な性質がある。このため、計量場の微分から作られるテンソルは、かなり限られたものとなる。

$$R \equiv \sum_{\mu,\nu=0}^{3} g^{\mu\nu} R_{\mu\nu}$$

スカラー曲率は、時空の幾何学的な性質を表す最も単純な量だと考えられる。特に、2次元曲面のスカラー曲率は、ガウス曲率の2倍となる。

基礎方程式の左辺が(1)と(2)の線形結合であれば、計量場の2階微分が線形になるという制約を満たし、かつ、右辺のエネルギー運動量テンソルとテンソルの階数が一致したテンソル式となる。

アインシュタインは、1915年になって、基礎方程式を次の形にすれば、エネルギー保存則などを満たし、ニュートンの重力理論を近似的に再現できることを見出した。

$$R_{\mu\nu} - \frac{1}{2} g_{\mu\nu} R = -\kappa T_{\mu\nu} \tag{1.25}$$

これが、アインシュタイン方程式であり、一般相対論の基礎方程式である。

ところで、アインシュタインの制約を満たすだけならば、(1.25)式の左辺に付け加えられる項がもう一つある。それは、

(3) 計量場そのもの $g_{\mu\nu}$

である。計量場に定数を乗じた項は宇宙項と呼ばれる。(1.25)式の左辺には、すでに計量場の2階微分が含まれているため、これに2階テンソルである宇宙項を加えても、基礎方程式としての条件は満たされる。

宇宙項を付け加えることの物理的な意味は、第2章以降で議論する。

🌐 宇宙の形

アインシュタインが重力についての思索を始める出発点となったのは、エネルギーによって時空が伸縮しゆがむことが重力作用をもたらすというアイデアである。

ここから一般相対論という壮大な体系が作られたので、ともすれば忘れられがちだが、このアイデアの根底にあるのは、時間や空間が、ニュートンが想定

したような形式的なものではなく、それ自体が伸び縮みし物理現象を引き起こす実体だという考え方である。

　一般相対論が時空を数学的に記述するだけの理論ではなく、これを物理的な実体として扱っていることは、正しく理解すべきだろう。人間の頭上に広がる宇宙は、「何もない単なる空隙（スペース）に原子が点在し、時間とともに位置を変える」といった古典的な原子論が成り立つ世界ではない。物質の存在しない領域ですら、時空のゆがみ（あるいは、量子論における場の零点振動）のような物理現象を引き起こす充実した実体である。

　宇宙という語は、時間を表す「宇」と空間を表す「宙」から成るとされる[12]。その名の通り、実体としての宇宙は、時間と空間の方向に展開されながら、ある形を構成する。現時点での観測データだけでは、まだ宇宙の全体的な構造は見えていないし、近い将来、明らかにされるという見通しもない。しかし、アインシュタイン方程式に基づく宇宙論は、すでに多くの学者によって検討され、宇宙の全体像に関するさまざまな思索を生み出してきた。

　これ以降の各章では、ビッグバン理論のように信憑性の高い主張から、宇宙の創成などいまだ不明な点が多い論点まで、こうした思索の数々を紹介していきたい。

数学的補遺 1-1　運動する粒子のエネルギー

　解析力学において、どのような物理現象が生起するかを決定するのが、作用と呼ばれる量 S である。粒子の運動では、作用は位置と速度の関数を仮想的な軌道に沿って積分した量として定義される。物理的に実現されるのは、作用が極値をとる軌道である。

　外力が作用しない自由粒子の場合、作用の被積分関数は（定係数を別にして）質量 m で、これを軌道に沿って固有時 τ（物体に固定した時計で計測される時間）で積分したものが作用となる。m は積分の外に出せるので、自由粒子の作用 S を式で書くと、次のようになる。

★12 … 前漢代に著された『淮南子』による。「宇」は天、「宙」は地を表すという説もある。

$$S = -mc \int d\tau$$

係数にcを付けたのは、作用の単位を（量子論で使われる）プランク定数の単位と等しくするため。全体にマイナスを付けたのは、古典的な物理学理論の場合、実現される軌道は、作用が単に極値になるだけではなく、最小値になるのが一般的だからである。

　ここで、積分変数を、粒子に固定されていない一般的な時間座標tに取り替える。tは全時空で共通に使える座標で、粒子の運動速度も、この時間座標を基に定義する。相対論では、運動する時計（この場合は、運動する粒子に固定した時計）が遅れるという性質があり、速度vで運動する時計の遅れを考慮すると、

$$d\tau = c\sqrt{1 - (v/c)^2}\, dt$$

となる（固有時は、空間的な長さと同じ単位で計るのが一般的なので、単位を換算するためのcを付けた）。

　作用を時間座標tの積分として表したとき、被積分関数は一般に粒子の位置xと速度v（3次元空間ではxとvは3元ベクトルとなるが、ここでは、煩わしさを避けるため、式の上でベクトルかどうかを明示しない）の関数となる。この関数は、ラグランジアンLと呼ばれる。解析力学では、ラグランジアンを速度で微分した量が運動量pである。自由粒子のラグランジアンと運動量は、次のとおり。

$$L = -mc^2\sqrt{1 - (v/c)^2} \qquad p = \frac{\partial L}{\partial v} = \frac{mv}{\sqrt{1 - (v/c)^2}}$$

　ラグランジアンが時間座標tにあらわに依存しない場合、物理法則が時間とともに変わらないので、ネーターの定理を適用できる。ネーターの定理によると、$E = pv - L$という式で定義されるエネルギーEが、時間が経っても一定に保たれる保存量となる。自由粒子の場合、Eは次のように求められる。

$$E = \frac{mv^2}{\sqrt{1 - (v/c)^2}} + mc^2\sqrt{1 - (v/c)^2} = \frac{mc^2}{\sqrt{1 - (v/c)^2}}$$

これは、(1.3)式と等しい。

数学的補遺 1-2 重力ポテンシャルが満たす方程式

　ニュートンの重力理論では、質量 m の粒子が存在する場合、そこから距離 r の地点での重力ポテンシャル Φ は、(1.10) 式で与えられる。しかし、この式は $r = 0$ でポテンシャルの値が発散するという難点がある。現代的な物理学の考え方は、物理現象はあらゆる場所に拡がって生起するという場の理論が基本になっており、孤立した粒子を想定する (1.10) 式よりも、連続的な質量密度を扱う (1.22) 式の方が現実に即している。

　(1.22) 式を解けばニュートンの重力ポテンシャルが得られることを確認するため、$1/r$ を x で微分（y や z を固定する偏微分）してみよう。

$$\frac{\partial}{\partial x}\left(\frac{1}{r}\right) = -\frac{x}{r^3} \qquad \frac{\partial^2}{\partial x^2}\left(\frac{1}{r}\right) = -\frac{1}{r^3} + \frac{3x^2}{r^5}$$

同様の式が y や z による微分でも成り立つので、ラプラシアンに関する次の関係式が得られる。

$$\left(\frac{\partial^2}{\partial x^2} + \frac{\partial^2}{\partial y^2} + \frac{\partial^2}{\partial z^2}\right)\left(\frac{1}{r}\right) = 0 \quad (r \neq 0)$$

　粒子が存在する地点以外では、質量密度はゼロになるので、(1.10) 式の重力ポテンシャル Φ は、確かに (1.22) 式に従う。しかし、$r = 0$ では、$1/r$ の値が発散するため微分が定義できない。

　そこで、質量 m を持つのは大きさのない質点ではなく、一定の質量密度 ρ を持つ半径 R の球だとする。このとき、質量分布は球対称なので、重力ポテンシャル Φ は、球の中心からの距離 r だけの関数となるはずである。

　r だけの関数に作用するラプラシアンは、次のように書き換えられる。

$$\left(\frac{\partial^2}{\partial x^2} + \frac{\partial^2}{\partial y^2} + \frac{\partial^2}{\partial z^2}\right)\Phi(r) \quad \rightarrow \quad \frac{1}{r^2}\frac{d}{dr}\left(r^2\frac{d\Phi(r)}{dr}\right)$$

この書き換えは、たいがいの物理数学の参考書に説明されているので、導き方は省略する。

　$r < R$（すなわち、質量 m の球体の内側）で (1.22) 式は、

$$\frac{1}{r^2}\frac{d}{dr}\left(r^2\frac{d\Phi(r)}{dr}\right) = 4\pi G\rho$$

となり、その解は、積分定数を C_1 とすると、

$$\Phi(r) = \frac{2}{3}\pi Gr^2\rho + C_1$$

と求められる。

　一方、$r > R$ になると、重力ポテンシャルは、(1)ラプラシアンの作用がゼロになる r だけの関数、および、(2)$r \to \infty$ でゼロに漸近──という条件を同時に満たす必要があるので、

$$\Phi(r) = \frac{C_2}{r}$$

となる（C_2 は積分定数）。この2つの関数が $r = R$ で連続的になる（関数値と微分値が等しくなる）と仮定すると、

$$C_2 = -Gm \quad \left(m = \frac{4}{3}\pi R^3\rho\right)$$

が得られるため、ニュートンの重力ポテンシャルが再現される。

　以上の説明は、密度一定の球の存在を仮定したため厳密ではないが、(1.22)式がニュートンの重力理論の代わりになることは納得できるのではないか（数学的に厳密な証明をするためには、ラプラシアンのグリーン関数を求めるという手法を用いる）。

科 学 史 の 窓
一般相対論に至る道

　アインシュタインが一般相対論を構築する過程には、彼独自の思考法が明確に現れている。

　彼は、理論体系における「論理のきしみ」を感じ取る天才的な能力を持っていた。論理のきしみと書いたのは、そうである必然性のない性質が理論の根底に厳然と存在すること。アインシュタインは、このきしみが原理的なものかどうかを直観的に見抜くことができた。

　特殊相対論の論文を例に挙げよう。ポアンカレやローレンツら電磁気学のエキスパートは、地球の公転運動を考慮せずに作られたマクスウェル方程式が、そのまま地上で使えることを示そうと試み、方程式が不変に保たれる座標変換

をアインシュタインに先んじて導き出した。しかし、相対性原理という時空概念を変革するアイデアには到達できなかった。

アインシュタインが注目したのは、数学的な構造よりも、電磁気現象に見られる不可解な対称性である。

導線の近くで磁石を動かすと、電磁誘導によって誘導起電力が生じる。磁石の近くで導線を動かすと、自由電子の運動方向が磁気で曲げられ、やはり起電力が発生する。奇妙なのは、磁石と導線のどちらを動かしても、相対速度が同じならば、なぜか発生する起電力が等しい点である。アインシュタインは、この対称性から、自然界に静止と運動の絶対的な区別はないという相対性原理を思いつく。

光量子に関する論文で問題としたのは、ウィーンの放射法則に見られる統計的な性質が、気体分子運動論の式となぜかよく似ているという点である。気体分子の運動エネルギー $\frac{1}{2}mv^2$ が現れる箇所を、ある定数と光の振動数 ν の積で置き換えると、気体分子の式がそのまま光に関する式に変貌する。この奇妙な性質を基に、アインシュタインは、光が粒子のように振る舞うという光量子論を発想した。

一般相対論を発見するきっかけも、この2つと同じパターンである。外部から重力しか作用しない領域では、あらゆる物体が同じ重力加速度で運動するという観測事実がある。加速度が同じなので、観測者も重力によって自由落下していると、まるで重力が消滅したように見える。それはなぜか？

ニュートン力学では、「重力の大きさが質量に比例するから」と説明される。しかし、重力が質量に比例すべきだという必然性はどこにもない。そこでアインシュタインは、個々の物体に作用する重力を問題にするのではなく、「自然界の原理として重力が消滅する」と考えた。

もし、重力が消滅するのが原理であるならば、物体の運動だけではなく、光の振る舞いも同じように考えるべきである。アインシュタインは、自由落下する光源から発射される光のドップラー効果を基に、重力が存在する領域では時間が伸び縮みすることを導き出した。

このアイデアは、1907年に刊行された特殊相対論に関する総説の後半で簡単に触れられ、1911年の論文で本格的に展開された。この時点では、時間の伸縮による効果を光速 c に吸収させ、c の変動が重力の起源になる理論を構築しよ

うとしていた。この考えを改め、時間と空間の幾何学として理論の再構築を始めるのは、1912年に旧友グロスマンと再会した頃であり、翌1913年に発表された論文で、一般相対論の基本的な構想は完成したと言ってよい。

　科学史の記述では、アインシュタイン方程式が発表された1915年が一般相対論完成の年と見なされることが多い。しかし、理論がどのような発想に基づくかを考えると、1907年と1912年が画期だったと言うべきだろう。

CHAPTER 2
アインシュタインの宇宙モデル

　1916年に一般相対論の長大な総説を著した翌年、アインシュタインは、宇宙全体の構造を問題とした論文「一般相対性理論についての宇宙論的考察」[★1] を発表する。

　この論文が興味深いのは、彼がどのような思索の道をたどり、いかにして結論に到達したかを事細かく書き記しているからである。結果的には、彼の提唱した宇宙モデルは多くの点で誤っていた。しかし、なぜそうしたモデルを考えざるを得なかったかを検証すると、たとえ誤りがあったにしても、そこからさまざまな教訓を読み取ることができる。

　本章では、アインシュタインが考案した2種類の宇宙モデルを中心に、当時の観測データを交えて紹介したい。

§2-1　モデル1──中心のある宇宙

　「質量を持つ物体から他の物体に重力が直接作用する」というニュートンの重力理論では、遠く離れた地点のことを気にする必要はない。充分遠方にある物体（例えば、太陽系の惑星から見たときの太陽以外の恒星）から及ぼされる重力は弱く、その影響を無視することができるからである。限られた範囲に存在する物体同士の相互作用を考えるだけで、重力による運動論は完結する。

　しかし、重力ポテンシャルを問題にすると、事はそう単純ではない。重力ポテンシャルは、電場や磁場と同じくあらゆる場所に存在する場の量である。一般相対論では、計量場の00成分と重力ポテンシャルが結びつけられる。物体

★1 …『アインシュタイン選集2』（湯川秀樹監修、共立出版）p.133

の運動を通じて重力の作用が表面化していなくても、その影響は、潜在的にすべての地点に及ぶはずである。となると、遠方の物体による重力ポテンシャル（あるいは計量場）がどうなるかは、物理学的に真剣に考えなければならない問題である。

　アインシュタインは、この問題を、当初、無限遠での境界条件という形で設定した。

🌐 空間的な境界条件

　境界条件とは、考えている地点から見て、時間や空間が隔たった地点で物理量がどうなるかを決めるための条件である。

　物理学の方程式は、現象がいかなる法則に従って生起するかを規定する。このため、方程式さえあれば、何が起きるかすべて計算できると考える人がいるが、そうではない。たとえ方程式がわかったとしても、その方程式に従うシステムが、どのような時間的・空間的環境の中にあるかが示されなければ、方程式を解くことはできない。

　物理学の理論がそのまま適用できるのは、環境からの影響が単純で予測可能なケースに限られる。研究室で行われる物理実験のように、測定する対象だけを選んで実験装置にセットするならば、生起する現象を理論的に解析することは容易である。しかし、環境と複雑に相互作用する対象になると、その振る舞いを物理学で議論することはかなり難しい。例えば、海中に投棄した有機塩素系化合物が、拡散方程式に従って拡散せずに、生体の脂肪組織に濃縮されるような事態が起こり得る。

　ニュートン力学が最大の成果を収めたのは、太陽系の惑星運動である。この場合、重力源として太陽と惑星（場合によっては、一部の小惑星）を考えるだけでかまわない。それ以外には物質の存在しない天体システムとして太陽系をモデル化し、このモデルを使って惑星運動の問題を解くことができる。

　こうした太陽系モデルでは、境界条件が簡明になる。現実の太陽系は銀河系（天の川銀河）の内部で周回運動を行っているが、惑星運動について考えるときには、「周囲に何もない」と仮定してかまわない。銀河系中央部からの重力は、周回運動による遠心力と相殺され、惑星運動に影響を及ぼさない。また、太陽に最も近い恒星でも、4光年以上離れているので、個々の恒星からの重力も無

視できる。通常は、惑星が重力で引っ張ることによる太陽の動きは無視し、惑星の運動だけを考える。

　方程式を解くために必要な過去の歴史としては、ある時刻における惑星の位置と速度を与えれば充分である。ニュートン力学に限らず、古典的な物理学理論の場合、過去に何があったかという情報は、ある時刻の状態（ニュートン力学ならば位置と速度、マクスウェル電磁気学ならば電場・磁場の強度とその時間微分）に含まれる。特定の時刻における惑星の位置と速度を「初期条件」としてインプットすれば、それ以降の運動は、ニュートンの重力理論と運動方程式を使って計算することができる。

　空間的な境界条件として「太陽系の外には何もない」、時間的な境界条件として「ある瞬間の惑星の位置と速度」を設定し、これに基づいて惑星運動を求めると、現実の軌道とよく一致する結果が得られる。

　細かく見ると、ニュートン力学の予測と観測データにはわずかな差がある。ただし、その原因は、主に未発見の天体からの重力（海王星は、天王星の動きがニュートン力学の予測と異なっていたことから、1846年に発見された）や一般相対論の効果（重力の逆4乗に比例する項が加わる）、天体の形状（遠心力や潮汐力によって球形からずれると、中心に質量が集中した質点として扱えない）などによるもの。太陽系外からの影響はないとする境界条件を変更する必要性は、（今のところ）見つかっていない。

　それでは、一般相対論に基づいて宇宙全体を考える際にも、太陽系と同じように、「銀河系の外には何もない」「銀河系の歴史はある瞬間に与えられる」という境界条件を付ければ、現実の宇宙を適切に近似したモデルになるのだろうか？ アインシュタインは、そうではないと考えた。

🌐 何もないことの不自然さ

　力学や電磁気学で個別的な現象を議論する場合、周囲からの影響が無視できるようなセットアップを用いることが多い。電磁気学でクーロンの法則や電流と磁気の関係などを議論する際には、周囲に別の電荷や電磁場は存在しないものとされる。実験を行う場合には、ノイズを発生する物を遠ざけたり、機器を電磁シールドで覆ったりもする。物理学者にとって、こうした「周囲に何もない」環境こそ、ごく自然なものと感じられるだろう。

　しかし、流体力学のように連続媒質を扱う場合、境界条件はこれほど単純ではない。静止した流体中を運動する物体を議論するときには、逆に、物体が静止している周囲を流体が流れるというセットアップで考えるのが一般的である（図2-1）。このとき、遠方では流れの速度が一定になるといった境界条件を置いて、物体周囲における流れの分布を計算する。電磁気学でも、電磁波を扱う際には、しばしば、同じ振幅・振動数の単色平面波がどこまでも続いているといった境界条件を採用する。

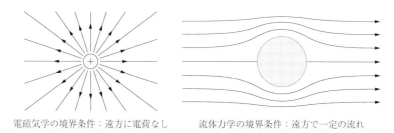

電磁気学の境界条件：遠方に電荷なし　　　流体力学の境界条件：遠方で一定の流れ

図 2-1　連続媒質の境界条件

　惑星運動ならば、原子論的な取り扱いをしてもかまわない。ここで「原子論的」と言ったのは、空虚な空間と一様に流れる時間という形式的な枠組みの中に、物理現象の担い手である物体が孤立して存在するという考え方である。歴史的に見ると、エーテルのような世界を満たす稠密な媒質を排し、孤立した物体の運動によって物理現象を記述しようとする発想は、ガリレオやニュートンによる近代物理学の出発点となった。こうした原子論的な立場を採る場合、「周囲の環境には何も存在しない」と仮定する空間的境界条件は、自然な選択と言えよう。

　これに対して、連続媒質を扱う場合には、「何もない」という前提そのものが揺らぐ。電磁気学では、あらゆる地点に電磁場が存在することを前提とする。たとえ電場や磁場の強度がゼロであったとしても、そこには、強度ゼロの電磁場が存在すると見なす。そう考えなければ、真空の宇宙空間でも光が伝わる理由が説明できない。

　一般相対論になると、境界条件の議論はさらに錯綜する。空間や時間が、ニュートン力学におけるような形式的な枠組みではなく、より実体的な性質を帯びるからである。

　ニュートンの重力理論は、質量を持つ物体相互の位置によって物体の運動が定まるというものである。したがって、モデルを構築する際には、運動に影響を与えるものだけを考慮すればよい。外側に何もないという太陽系のモデルは、現実に何もないのではなく、外側に存在する物体の影響が無視できることを意味する。

　これに対して、一般相対論においては、時間や空間そのものが実体と見なされる。時間や空間、あるいは、これらを統合した時空は、どんな物理現象が起きるかが描かれるキャンバスのような実体的存在である。このキャンバスがどれほど伸縮しゆがんでいるか、どこまで広がっているかを考えるのが宇宙論なのである。したがって、「外側に何もない」という境界条件は、それ自体、宇宙とはこういうものだという一つの見解を意味する。

　仮に、銀河系が宇宙における唯一の天体集団であり、そこから遠ざかるにつれて、空間はユークリッド的になると仮定しよう。これは、外側に何もないとする太陽系モデルに似ていると思われるかもしれない。しかし、この見方は、宇宙空間という無限に拡がるキャンバスの中で、天体が存在するのはほんの一隅でしかなく、ほぼ全ての領域が何もない真っ平らな空間だという宇宙観を表す[2]（図2-2）。

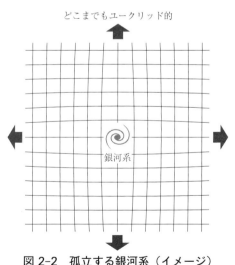

どこまでもユークリッド的

銀河系

図 2-2　孤立する銀河系（イメージ）

★2 … 平坦になるのは、アインシュタイン方程式に、第1章で述べた宇宙項が存在しない場合である。

　何もない空間が無限に広がる宇宙は、ケプラーやガリレオを畏怖させたものと等価である。地動説に基づいて全宇宙がいかなるものかを考え始めた科学者は、もし宇宙空間が無限に拡がり、その一方で天体の個数が有限であるならば、天体の存在する領域は宇宙全体から見ると無限小でしかないと気づいたはずだ。ケプラーやガリレオが、宇宙空間の中で恒星がどのように分布するかを明確に語らなかったのも、人々を納得させる世界像が思い描けなかったからなのだろう。

🌐 普遍的境界条件のない無限宇宙

　無限に広がるユークリッド空間の中に、銀河系のような天体集団が孤立して存在するという状況は、どうにも居心地が悪い。何もない虚無の空間がどこまでも広がっているのに、無限小にも等しい一隅に物質が集まった領域が存在するというアンバランスさが、いかにも不自然なのである。

　天体は、銀河系から遠ざかるにつれて減るのではなく、無限の宇宙空間内部にどこまでも存在し続けると考えれば、問題は解消されるのだろうか？ ニュートンはそうした宇宙観を提案したが、アインシュタインは納得しなかった。もし、天体の存在する領域が際限なく続くとすると、天体が持つエネルギーによって時空がゆがむため、空間の境界条件が決定できなくなる。空間がユークリッド的になるとも言えず、宇宙全体がどんな構造であるかは、人間に解くことのできないアポリア（解決方法のない難問）となる。

　もしかしたら、宇宙が何らかの全体的構造を持つという発想は、人間の浅はかな思いつきであって、現実の宇宙には、本当に普遍的境界条件などないのかもしれない。宇宙は場所によってその姿が全く異なっており、どこかに膨大な数の銀河が落ち込みつつある臍のような領域が存在する一方で、別のどこかには、天体が一つもない虚空が何兆光年、何京光年にわたって広がっているのかもしれない。人間が住んでいる場所は例外的になめらかな空間で、一般的な宇宙空間には無数のワームホールが形成され、迷宮のように入り組んだ構造になっていることもあり得る。われわれが住む宇宙は、マザーユニバースの一部から派生したという説も有力だが、そうだとすると、この宇宙の辺縁は、何らかの形でマザーユニバースとつながっているとも考えられる。

　1917年の論文の中で、アインシュタインは、宇宙空間に普遍的な境界条件が

ないという考えは「論破することのできない一つの立場」であるとしながら、「解答を求めることを放棄する」態度だとして批判的な立場をとった。宇宙全体がどうなっているかを考えることは、それ自体がチャレンジングな試みであり、可能な解答を模索せずに挑戦を放棄するのは許せなかったのである。

🌐 当時の観測データ

アインシュタインが、この問題にどのようにチャレンジしたかを述べる前に、1917年の時点で彼が入手できた観測データがどのようなものだったか、簡単にまとめておこう。

太陽系が銀河系という巨大な天体集団に属することは、1785年に、イギリスの天文学者ウィリアム・ハーシェルが発表した『天の構造（Construction of Heavens）』に図入りで示された。ハーシェルは、自作の望遠鏡を用いて天の川付近の天体を観測し、すべての恒星が同じ絶対等級を持つとの仮定の下で、地球からの距離を推定した。その結果、多くの恒星は、太陽を中心とする扁平な円盤状の天体集団に属すると結論されたのである。この天体集団の差し渡しは、基準として採用したシリウスまでの距離の850倍と求められた。シリウスは地球から8.6光年の位置にあるので、ハーシェルの銀河系は、およそ7000光年の大きさとなる（ただし、内容に誤りがあるとして、後にハーシェル自身が論文を撤回した）。

銀河系という天体集団の存在は、引き続き行われた観測データによって確認されたが、その大きさや地位に関しては、1920年代まで議論が紛糾していた。特に問題となったのが、20世紀初頭には最も遠方の天体と考えられていた渦巻星雲（現在では渦巻銀河と呼ばれるもの）の正体である。

1920年、米国科学アカデミーで行われた「シャプレー＝カーチス論争」では、2つの見解が激突した。

ウィルソン山天文台のハーロー・シャプレーは、差し渡し30万光年に及ぶ巨大な銀河系が、宇宙における唯一の天体集団として存在し、渦巻星雲は、その周辺部に存在するガス天体だと主張した。

一方、ヒーバー・カーチス（リック天文台）によれば、銀河系の大きさはせいぜい数万光年で、渦巻星雲は、銀河系と同等の天体集団だとされる。この見

解は、宇宙には孤立した多数の天体集団が存在するというものであり、「島宇宙説」と呼ばれる。

　論争の直接的な決着は、1923年につけられた。この年、エドウィン・ハッブル（ウィルソン山天文台）が、渦巻星雲の一つであるアンドロメダ星雲の内部に変光星を発見し、その変光周期を基に、距離を90万光年と割り出したのである（現在のデータでは250万光年）。この数値は、シャプレーが考えた銀河系の差し渡しよりも遥かに大きいので、アンドロメダ星雲は、銀河系内部の星雲ではなく、銀河系と同等の「アンドロメダ銀河」であることがほぼ確実になった（ただし、変光星による距離の推定がどこまで正確かを巡って、しばらく議論が続いた）。

　天文学界で島宇宙説が支配的になるのは1920年代以降のことだが、1910年代にも、渦巻星雲が銀河系の外部にあることを窺わせるデータが報告されていた。重要なデータをもたらしたのは、ローウェル天文台で観測を行ったヴェスト・スライファーである。彼は、ドップラー効果に基づいて星雲の運動速度を測定した。

　ドップラー効果とは、波源の運動によって、観測される波長が波源上での値と異なることである。光の場合は、特殊相対論の効果によって、光源の運動と観測者の運動は区別されず、両者の相対速度だけが波長の変化をもたらす。恒星表面の原子による線スペクトルが相対運動のない場合からどれだけずれているかを観測すれば、地球から見た視線方向の速度が推定される。

　1912年にスライファーがアンドロメダ星雲からの光を長時間露光によって観測したところ、秒速300kmで太陽系に近づいているという結果が得られた（アンドロメダ銀河と天の川銀河は重力で互いに引き寄せ合っているが、その接近速度は、現在の観測データによると秒速122km程度。秒速300kmという数値は、太陽が銀河中心の周囲を回転する速度が加算されたせいである）。

　さらにメシエカタログM104（当時のソンブレロ星雲、現在のソンブレロ銀河）についても同様の方法で調べたところ、今度は、秒速1000kmで太陽から遠ざかっていると判明した。この数値が正しければ、太陽系との相対速度は光速の300分の1に達し、シャプレーが考えたような差し渡し30万光年の巨大銀河でも1億年足らずで横断してしまう。当時すでに、放射性崩壊の半減期を基に、地球の年齢が10億年以上だと見積もられていた。銀河系の年齢はそれ

以上のはずなので、M104が銀河系内の天体だとは考えにくい。

スライファーは、1917年までに25の星雲について測定を行い、その大半が猛スピードで銀河系から遠ざかっているという結果を得た。

スライファーが得たデータを信じるならば、宇宙には、銀河系に匹敵する巨大な天体集団が数多く存在すると推測される。しかし、アインシュタインは、こうした情報をほとんど知らなかったようである。それには、いくつかの理由が考えられる。

まず、天文学における重要な発見の多くが、当時アインシュタインのいたベルリンから遠く離れたアメリカに偏っていたことに注意してほしい。19世紀後半、アメリカは、経済こそ急成長していたものの、学芸の分野ではヨーロッパの後塵を拝しているとの見方が主流だった（実際には、パースのプラグマティズムやメルヴィルの小説など、学問・芸術とも、すでに優れた成果を生み出しつつあった）。科学に興味のある財産家たちは、資金を投じて巨大望遠鏡を建設すれば直ちに成果を得られる天文学に目を向け、ヨーロッパを見返してやろうと次々に天文台を開設した。こうした資本投下が、ハッブルらによるアメリカ天文学の黄金時代をもたらすことになる。

1914年から始まった第1次世界大戦によって、ヨーロッパにおける学者間の交流が充分に行われず、学問が停滞したことも忘れてはならない。アインシュタインは、食料など日常的な物資の不足に煩わされ、戦争末期には健康を損ねていた。

こうして、アインシュタインは、天文学分野で革新的な発見がなされつつあることを知らないまま、純粋に思弁だけで、宇宙全体の構造に向き合う研究を開始したのである。

🌐 遠方で発散する球対称の計量場

アインシュタインは、銀河系が宇宙における唯一の天体集団だという見方を取っていた。だが、周囲に広がるのが無限のユークリッド空間だとすると、物質が自然に一カ所に集まって銀河系を形成することは、現実問題としてありそうもない。たとえ何らかのきっかけで天体集団が形成されたとしても、多数の天体が相互作用するうちに、周囲の空間に天体を弾き出して、銀河系はバラバラになってしまうと考えた。

　この考えは、半分だけ正しい。互いにニュートンの重力法則に従って力を及ぼし合う多数の天体が集団を形成する場合、天体同士の合体がなければ、しだいに密集して重力ポテンシャルが低下（符号がマイナスで絶対値が増大）し、その反動で大きな運動エネルギーを獲得した天体が外部に弾き出される。しかし、実際には天体の合体が生じるため、孤立した球状星団や銀河のような天体集団は、最終的に、弾き出されて虚空を漂流する天体と、天体同士の合体によって形成された巨大ブラックホールとに分かれる。

　銀河系が崩壊して漂流天体とブラックホールになることは、アインシュタインが怖れたほど深刻な事態ではない。銀河系内部の天体は、10^{20}年ほどの時間が経つと、中心部の超巨大ブラックホールに飲み込まれるか、外部に弾き出されるか、どちらかの運命を辿ると予想される。その頃には、すべての恒星は燃え尽きて水素とヘリウムの塊となっている。全宇宙を見渡しても、褐色矮星の衝突などによって偶然に恒星が誕生するきわめて稀なケースを別にすれば、生命が生きながらえられる場所はほぼ皆無である。そんな時代に銀河系が崩壊したとしても、誰も困らない。

　もっとも、アインシュタインにとって銀河系の崩壊は、避けるべきカタストロフィだったようだ。そこで、こうした事態を回避するために思いついたのが、計量場そのものが物質を集めるような形をしているというアイデアである。

　第1章で述べたように、ニュートンの重力理論で利用される重力ポテンシャルは、計量場の00成分を近似したものである。したがって、中心から離れると00成分が無限大に発散するような計量場になっていれば、すり鉢状の重力ポテンシャルによって物質が掻き集められ、中心部に銀河系のような天体集団が形成されてもおかしくない。

　アインシュタインが考案したのは、次のような宇宙モデルである。まず、天体の運動速度が充分に小さいという（スライファーの報告を知らなければ当然の）前提の下で、物質分布と計量場は球対称になると仮定した。こうした球対称の計量場では、対角成分だけがゼロと異なる値を持つ。そこで、遠方での計量場の対角成分を、次のように、中心からの距離 r だけの関数 A と B で表した。

$$g_{\mu\nu} = \begin{pmatrix} -B & 0 & 0 & 0 \\ 0 & +A & 0 & 0 \\ 0 & 0 & +A & 0 \\ 0 & 0 & 0 & +A \end{pmatrix} \tag{2.1}$$

この計量場を使うと、微小な間隔dsが次式で与えられる。

$$ds^2 = -Bdt^2 + A\left(dx^2 + dy^2 + dz^2\right) \tag{2.2}$$

さらに、物質が中心付近に集まるように、重力ポテンシャルに対応する関数Bは、遠方で無限大に発散するものとした（このとき、計量場に対する制約から、関数Aは遠方でゼロになる）。

$$\lim_{r \to \infty} B(r) \to +\infty \tag{2.3}$$

計量場がこのような振る舞いをするならば、重力ポテンシャルはすり鉢状になって、中心付近に集まった物質が銀河系を形成すると思われた（図2-3）。

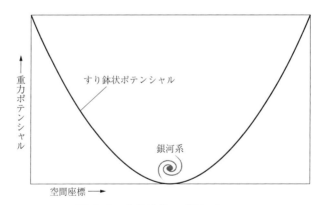

図 2-3　すり鉢状のポテンシャル

そこでアインシュタインは、(2.1)式の計量場を使ってリッチテンソルを求め、そのときのエネルギー分布がどのようなものになるかを調べてみた。

このように、まず幾何学的な構造を考案し、リッチテンソルやスカラー曲率を導いてアインシュタイン方程式に代入することで、その構造を実現するのに必要なエネルギー分布を求めるのは、一般相対論でよく使われる手法である。この手法を利用すると、「質量が負の物質が存在すれば、ワームホールのよう

な特殊な幾何学的構造が実現できる」といった、どこまでリアリティがあるのかわからない議論をすることも可能になる。

　アインシュタインは、共同研究者とともにAとBの関数形を工夫することで、唯一の天体集団として自然に銀河系が形成されるのではないかと期待した。しかし、(2.3)式の性質を満たす計量場をアインシュタイン方程式に代入しても、観測される天体のデータと両立し得るエネルギー分布は得られなかった。しばらく検討を重ねた末に、このモデルは、最終的に放棄される。

🌐 シュヴァルツシルト解との比較

　アインシュタインは銀河系の周囲に何らかのエネルギー分布がある可能性を探索したが、よりシンプルに、中心に大きさのない質点が存在し、他にはエネルギー源が存在しないと仮定すると、その周囲に広がる球対称の計量場は、1915年にカール・シュヴァルツシルトが導いたシュヴァルツシルト解になる。シュヴァルツシルト解は、(2.2)式と同じ形式で表されるが、その振る舞いは(2.3)式とは異なって、次のようになる。

$$B(r) = \begin{cases} -\infty & (r \to 0) \\ 0 & (r = R_S) \\ +1 & (r \to +\infty) \end{cases} \tag{2.4}$$

　R_S はシュヴァルツシルト半径と呼ばれる量で、この半径を持つ球面がシュヴァルツシルト面である。シュヴァルツシルト面上では、(2.2)式で示したアインシュタインのモデルとは反対に、Bがゼロ、Aが無限大になる（図2-4）。

　シュヴァルツシルト面はブラックホールの表面に相当し、その内側からは光すら放出されない。アインシュタインは、すり鉢状の重力ポテンシャルによって、物質が宇宙の中心部に集められると考えたが、シュヴァルツシルト面の内側では、より激しい事態となる。あらゆるエネルギーは、内向きにしか伝わらなくなるのである。

　シュヴァルツシルト面の外側から物質や光が内部に入ることはできるが、ひとたび面の内側に入ると、もはや外向きに動くことができず、すべてが中心部に向かって落ち込んでいく。このため、たとえ当初は中心に物質が集中していなくても、有限時間のうちにすべての物質が中心に落ち込んで、密度は無限大

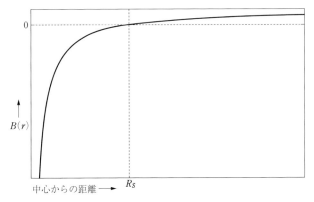

図 2-4　シュヴァルツシルト解

になる。これは、通常の物理学では記述できない状態であり、この領域は、数学的な特異点となる。(2.4)式では、$r = 0$ で B がマイナス無限大になることが特異点の存在を表す。

　シュヴァルツシルト面が存在する場合、こうした特異点の存在が不可避になることは、数学的に証明できる。それが、ペンローズ゠ホーキングの特異点定理である。ただし、1917年時点でアインシュタインは、シュヴァルツシルト解で物理的に意味があるのはシュヴァルツシルト面の外側だけであり、内側は現実には存在しない領域だと考えていた。このため、宇宙全体の構造を考える際に、特異点については議論していない。

§2-2　モデル2——球面状宇宙

　中心から遠ざかるにつれて重力ポテンシャルが増大し、あたかも遠方に重力バリアが存在するかのような宇宙モデルは、思弁的には面白いが、エネルギー分布が現実的な場合にはアインシュタイン方程式の解にはならない。とは言え、無限の空虚であるユークリッド空間が広がる中にポツンと銀河系が存在することは、宇宙全体の構造としてはあまりに奇妙すぎ、得心がいかないだろう。それでは、銀河系から遠く離れるにつれて、重力バリアもなくユークリッド的にもならず、それでいて普遍性のある境界条件があり得るのだろうか？

　そこでアインシュタインが提案したのが、そもそも、銀河系からどこまでも離れることができないという境界条件である。ある方向にずっと進んでいくと、宇宙を一周して元の地点に戻ってきてしまう――そんな宇宙空間を想定したのである。

　この仮定が物理学的に妥当かどうかは、§2-3で改めて論じることにして、ここでは、こうした境界条件がいかなる数式で表されるかを調べてみよう。

🌐 球面状空間の幾何学

　ある地点からまっすぐに進んでいくと、いつのまにか元の場所に戻ってくることは、地球上では、現実に起こる当たり前の出来事である。これは、地球表面が（ほぼ）球面という閉じた有限の曲面だからである。

　それでは、宇宙空間も、地球表面と同じように球面状なのだろうか。一般相対論によると、現実的かどうかは別にして、球面状空間が理論的に可能であることは示せる。まず、こうした理論的な可能性について論じることにしよう。

　すでに§1-2で2次元球面の計量場を導いたが、これを3次元に拡張して3次元空間の計量場を求めれば、そこから、アインシュタイン方程式の左辺を計算することが可能になる。これをアインシュタイン方程式に当てはめれば、球面状空間を実現するエネルギー分布が現実的かどうかが調べられる。

　§1-2では、xyw直交座標を持つ3次元ユークリッド空間に2次元の球面を埋め込み、球面上という制約に基づいてw座標を消去することによって計量場を求めた（(1.14)から(1.18)式までの議論）。これと同じ方法で、4次元ユークリッド空間に埋め込んだ3次元球面の計量場が求められる（ロバートソン＝ウォーカー計量のような極座標表示に関しては、章末の【数学的補遺2-1】で解説する）。

　4次元の世界をイメージするのは困難だが、数学を使えば、形式的な議論は可能である。4次元ユークリッド空間に$xyzw$直交座標系を設定し、その原点を中心とする半径aの球を考える。球面は、3次元ユークリッド空間における(1.14)式と同様に、次式で与えられる。

$$x^2 + y^2 + z^2 + w^2 = a^2$$

　球面上では、$xyzw$座標をw方向に射影したxyz座標を使って、位置を表す

ことができる（§1-2で、xyw座標を球面上に射影してxy座標を定義したよう
に）。このxyz座標を使えば、§1-2の議論にz座標の寄与を付け加えるだけで、
球面上での微小間隔dsが求められる。

$$ds^2 = dx^2 + dy^2 + dz^2 + dw^2 = dx^2 + dy^2 + dz^2 + \frac{(xdx + ydy + zdz)^2}{a^2 - x^2 - y^2 - z^2}$$

これより、3次元球面の計量場が得られる。添え字にzを含む項だけ書いてお
こう。

$$g_{zz} = 1 + \frac{z^2}{a^2 - x^2 - y^2 - z^2}$$
$$g_{yz} = g_{zy} = \frac{yz}{a^2 - x^2 - y^2 - z^2}$$
$$g_{zx} = g_{xz} = \frac{zx}{a^2 - x^2 - y^2 - z^2}$$

リッチテンソルは、2次元球面の場合と同じく、$x = y = z = 0$という地点で
求めることにする。この地点でアインシュタイン方程式を立てたとき、その結
果として得られる物理量の関係は、球面の対称性によって、他のすべての地点
でも成り立つからである。

まず、計算をせずに、定性的な議論からリッチテンソルの形を決めていこう。

$x = y = z = 0$近傍（球の半径に比べて充分に狭い範囲）での計量場は、2次
元球面の場合について(1.18)式に示したように、近似的に重力作用のない平坦
なユークリッド空間と等しくなる。数学的には、1階微分がゼロとなり、その
範囲でxyz座標系がユークリッド空間の直交座標系と等しくなる。

ユークリッド空間と同じなので、xyz座標をどのように回転しても、座標で
表した空間の幾何学的な性質は変化しない。この条件は、曲率のような幾何学
的性質を表すリッチテンソルの空間部分に、次の制限を与える（リッチテンソ
ルの対称性$R_{\mu\nu} = R_{\nu\mu}$を使って求められる項は省略）。

(1) 空間部分の対角項はすべて等しい。$R_{11} = R_{22} = R_{33}$
(2) 非対角項はゼロ。$R_{12} = R_{23} = R_{31} = 0$

§1-2では空間だけを議論したが、一般相対論では、時間と空間の両方を考
える必要がある。宇宙空間が球面状だとしても、これが時間方向に変化する可
能性は排除できない。ただし、本章では、まずアインシュタインと同じように、

球面状空間は安定で変化しないと仮定して話を進めたい。球面状空間の時間変化に関しては、第3章で改めて議論する。

　球面状空間が変化しない場合、時間軸と空間の1軸（例えばx軸）だけで時空を表すと、時間方向に伸びた円柱側面の形となる。円柱側面は、ガウス曲率がゼロとなる平坦な面なので、リッチテンソルの時間成分（添え字に0を含む成分）は、すべてゼロになる[★3]。

　(3)　時間成分はゼロ。$R_{00} = R_{01} = R_{02} = R_{03} = 0$

　時間変化がない場合、時間座標の尺度は自由に選べるので、計量場の00成分の大きさ（その値が、時間座標が1単位経過したときにどのような周期的現象が起きるかを定める）が1になるとしてかまわない。$x = y = z = 0$での計量場は、時間部分の大きさが1、空間部分がユークリッド空間なので、対角成分が$(-1, +1, +1, +1)$、それ以外の成分がすべてゼロとなる。

　この計量場を使うと、リッチテンソルの成分中で唯一値を持つ空間部分の対角項とスカラー曲率の関係を表すことができる。すなわち、

$$R \equiv \sum_{\mu, \nu=0}^{3} g^{\mu\nu} R_{\mu\nu} = 3R_{11}$$

　2次元球面の場合、スカラー曲率は、ガウス曲率$1/a^2$の定数倍となる（導き方は、ここでは示さない）。同じように、3次元球面でも、スカラー曲率は$1/a^2$に係数-6を付けたものとなる[★4]。スカラー曲率はスカラー量であり、座標系の取り方に依存しないので、$x = y = z = 0$という条件は必要ない。

$$R = -\frac{6}{a^2} \tag{2.5}$$

　アインシュタイン方程式の左辺を考えよう。第1章(1.25)式において、（式の前の段落で示した）(1)のリッチテンソルの項と、(2)の計量場とスカラー曲率の積の項は、次のような行列の形で表される（$x = y = z = 0$における式であることを明示するため、(0)を付けた）。

[★3] … この説明は、数学的には厳密でない。正確な議論を行うには、リッチテンソルの定義式に時間的変化のない球面状空間の計量場を代入して計算すべきである。

[★4] … 係数にマイナスがつくのは、計量場とリッチテンソルの符号の流儀による。マイナスを付けない教科書も多い。

$$R_{\mu\nu}(0) = -\frac{2}{a^2} \begin{pmatrix} 0 & 0 & 0 & 0 \\ 0 & 1 & 0 & 0 \\ 0 & 0 & 1 & 0 \\ 0 & 0 & 0 & 1 \end{pmatrix}$$

$$-\frac{1}{2}g_{\mu\nu}(0)R = +\frac{3}{a^2} \begin{pmatrix} -1 & 0 & 0 & 0 \\ 0 & 1 & 0 & 0 \\ 0 & 0 & 1 & 0 \\ 0 & 0 & 0 & 1 \end{pmatrix}$$

したがって、方程式左辺（(3)の宇宙項を含まないもの）は、次式となる。

$$R_{\mu\nu}(0) - \frac{1}{2}g_{\mu\nu}(0)R = \frac{1}{a^2} \begin{pmatrix} -3 & 0 & 0 & 0 \\ 0 & 1 & 0 & 0 \\ 0 & 0 & 1 & 0 \\ 0 & 0 & 0 & 1 \end{pmatrix} \tag{2.6}$$

　次に問題となるのは、この幾何学的な式と（係数を別にして）等号で結ばれるようなエネルギー運動量テンソルが存在するかどうかである。

🌐 エネルギー運動量テンソルに対する制約

　宇宙が球面状だと仮定することは、きわめて厳しい制約になる。幾何学的に見ると、これは、一様で等方だという条件になる。

　一様というのは、宇宙空間のどの場所も同じ状態だという意味である。球面には、幾何学的な観点からすると特別な地点はない。ここまでの議論で、$x = y = z = 0$という球面の極で方程式を立てたが、この点で成り立つ物理量同士の関係式は、球面のどの地点でも成り立つ。

　等方とは、ある地点からどの方角に目を向けても同じように見えることを意味する。どの方角も同じ曲率で湾曲し、その地点から遠ざかるときの計量場の変化に差違はない。

　時空が持つこうした一様等方性は、幾何学的な性質ではあるものの、一般相対論では、物理的な制約となる。アインシュタイン方程式によって、幾何学的な量とエネルギー運動量テンソルという物理的な量が結びつけられるため、幾

何学的に見て一様等方であるならば、物理的にも一様等方でなければならない。もし、エネルギー運動量テンソルが一様等方ではなく、エネルギー分布に偏りがあったり大局的なエネルギー流があったりすると、すぐに幾何学的なゆがみが生じて球面からずれてしまう。

アインシュタイン方程式は、時空の幾何学的な性質に関する左辺と、エネルギー分布のような物理的状態を表す右辺を結びつける式である。時空が厳密に一様等方であるならば、これと等号で結ばれるエネルギー運動量も、一様等方でなければならない。

一様等方なエネルギー運動量テンソルの形は、幾何学的な性質を表すリッチテンソルなどと同じように、制限が厳しい。結論だけ言えば、非対角成分はすべて0となる。対角成分のうち、時間部分に当たる00成分は（第1章で述べたように）エネルギー密度である。空間部分は法線応力と呼ばれる3つの対角項がすべて等しい（図2-5）。

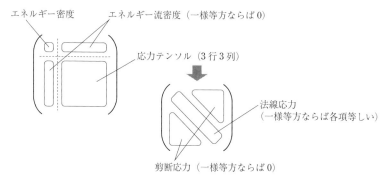

エネルギー密度　　エネルギー流密度（一様等方ならば0）

応力テンソル（3行3列）

法線応力（一様等方ならば各項等しい）

剪断応力（一様等方ならば0）

図2-5　エネルギー運動量テンソル

時空が一様等方の球面であるならば、エネルギー密度があらゆる地点で等しく、エネルギー流は存在しない。さらに、物質のずれに起因する剪断応力もなく、法線応力も、どの方向からも等しい大きさの力が加わるので、圧力（静水圧）と見なせる。

🌐 宇宙のエネルギー運動量テンソル

宇宙におけるエネルギー運動量テンソルがどうなるか、現在では観測データ

がかなり集まっており、データに基づく議論が可能になっているが、アインシュタインの時代には、エネルギー密度が一様であることを示唆するデータすらなかった。銀河系は扁平な円盤状をしており、遠方の渦巻星雲が銀河系内部の天体かどうかもわからなかった。観測可能な範囲では、むしろエネルギー分布は偏っていると考えるのが自然だったはずである。

　この点について、アインシュタインは、必ずしも厳密性を重視していない。一様等方な球面だというのは、数学で言うところの0次近似、すなわち、エネルギー分布を空間全域で均したときの性質であり、重要なのは「有限で閉じている」ことだけだと考えたようである。仮に、空間が厳密な球面状の構造を持つ場合、アインシュタイン方程式によってこれと結ばれるエネルギー運動量テンソルも、一様等方性が要請される。ゼロと異なるのは対角項に限られ、法線応力も3つの項が等しい圧力となる。

　ここで、厳密な球面だと仮定した上で、観測データを利用しよう。当時、天体の運動速度は、光速に比べて常に充分に小さいと見られていた。気体分子運動論のように、エネルギーとして運動エネルギー、圧力として分子がぶつかってくるときの撃力の総和を考える場合、圧力は無視できない寄与をもたらす。だが、天体の速度が小さい現在の冷え切った宇宙においては、質量の寄与が大半を占めるエネルギーに比べて、圧力の効果は無視してかまわない[5]。したがって、エネルギー運動量テンソルにおいて、エネルギー密度以外の項はすべてゼロとなる。天体の運動速度が小さいので、エネルギー密度は、質量密度（に単位あわせに必要な光速の2乗を掛けた値）に等しい。

　一様等方性が厳密ならば、質量密度も場所によらず等しい値になる。論文中では、「もし大局的に見た構造のみを問題にするならば、物質はこの巨大な空間の中に一様に分布していると考えてよかろう」と記している[6]。さらに、この考えが現実のデータと合致しない点に関しては、論文の末尾で、「今日の天文学的知識から考えるとき、このような考えかたが根拠のあるものかどうかはここでは検討しない」と記している。

★5 … スライファーが報告していたように、遠方の銀河は地球から見ると大きな速度を持っているが、この速度で他の銀河と相互作用するわけではなく、座標を適切に選べば運動がないものとして扱える（詳しくは第3章における共動座標の議論を参照）。ビッグバン直後の高温状態のように、圧力を考慮する必要があるケースは、第5章で取り上げる。

★6 … 前掲論文「一般相対性理論についての宇宙論的考察」

🌐 宇宙項の導入

　一様等方性の要請と圧力項がゼロと置けるという観測データを結びつけると、宇宙のエネルギー運動量テンソルは、00成分のエネルギー密度しか存在しないと結論される。ところが、(2.6)式で示される方程式左辺の空間部分はゼロでないため、アインシュタイン方程式は決して成り立たない。

　この結果は、球面状の宇宙空間が、§2-1で説明した遠方に重力バリアがあるケースと同じように、非現実的なモデルであることを意味するのだろうか？

　アインシュタインは、そうは考えなかった。アインシュタイン方程式には、まだ、(3)の宇宙項を加える余地がある。宇宙項の係数をΛ、エネルギー密度をϵとして、行列の形で方程式を立ててみよう。

$$
\frac{1}{a^2}
\begin{pmatrix}
-3 & 0 & 0 & 0 \\
0 & 1 & 0 & 0 \\
0 & 0 & 1 & 0 \\
0 & 0 & 0 & 1
\end{pmatrix}
- \Lambda
\begin{pmatrix}
-1 & 0 & 0 & 0 \\
0 & 1 & 0 & 0 \\
0 & 0 & 1 & 0 \\
0 & 0 & 0 & 1
\end{pmatrix}
= -\kappa\epsilon
\begin{pmatrix}
1 & 0 & 0 & 0 \\
0 & 0 & 0 & 0 \\
0 & 0 & 0 & 0 \\
0 & 0 & 0 & 0
\end{pmatrix}
$$

　この方程式ならば、

$$
-\frac{3}{a^2} + \Lambda = -\kappa\epsilon, \qquad \frac{1}{a^2} - \Lambda = 0 \tag{2.7}
$$

と置くことで等式が成立する。これが、「アインシュタインの静止宇宙」と呼ばれる解である。(2.7)式には座標があらわな形で含まれておらず、物理量だけの関係式になっているので、計量場とエネルギー運動量テンソルが一様等方の場合は、$x = y = z = 0$に限らずあらゆる地点で成立する。

　実は、この解は、（第3章、第4章で論じるように）不安定なため現実的ではない。不安定であるとは、わずかな摂動を加えただけで宇宙空間の形状が大きく変化し始めることを意味する（すなわち、静止宇宙ではなくなる）。こうした時間変化について、アインシュタインは全く考慮していない。

C O L U M N
トーラス状の宇宙

　宇宙空間が有限か無限かという議論は、古くから哲学的なテーマとして論じ

られてきたが、結論を出すのが困難だった。「有限ならば必ず境界がある」というユークリッド幾何学の呪縛を逃れられなかったからである。一般相対論が完成して、ようやく「体積は有限だが果てがない」空間の可能性が、科学的に明確に議論できる対象として認識された。

　アインシュタインは、無限遠が存在しない閉じた有限体積の空間として球面状空間を想定したが、数式の上では、これよりも単純な空間が存在する。まず、2次元曲面で考えよう。

　第1章でも取り上げたように、画用紙をクルクルと円筒状に巻くだけで、円周方向に進むと元に戻る空間ができあがる。この円筒側面が物理現象の生起する空間ならば、ある距離を進むと同じ現象が繰り返し現れる周期的な世界となる。数式で表すと、あらゆる現象が三角関数のような周期関数によって記述されることになる。空間的な環境が周期性を持つケースは、周期的境界条件と呼ばれる。

　円筒状の空間の場合、周期的なのは2次元空間の一つの次元だけだが、円筒の両端をつないで、2方向とも周期的にすることもできる（図2-6）。この2次元曲面を3次元ユークリッド空間に埋め込むと、ドーナッツの表面のような形をしており、トーラス（torus）と呼ばれる。

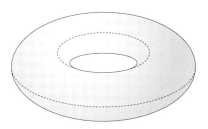

図2-6　トーラス

　球面とトーラスはいずれも、ある地点から遠ざかっていくと、また元に戻ってしまう空間だが、トポロジカル（位相的）な性質が異なる。球の表面から離れないようにして紐をグルリと一周させ、一端を固定し他端をを引っ張ると、紐は球面上を滑って移動するので、全てをたぐり寄せることができる。ところが、トーラスの表面を周期的な方向に一周させた紐は、いくら引っ張っても、ある長さよりも短くすることができない。これが、球面とトーラスのトポロジカルな違いであり、「球面には取っ手（ハンドル）がないがトーラスには1つあ

る」と表現される。

　ガウスの曲面論のように、3次元ユークリッド空間に埋め込まれた2次元曲面の場合、円筒の両端をつなぐためには、側面を部分的に伸縮させねばならない。しかし、リーマン幾何学で考えるならば、外部のユークリッド空間は不要であり、曲率はゼロだが式の上では周期的だとしてもかまわない。こうした曲率ゼロの2次元トーラス面は、3次元ユークリッド空間内部には存在しないが、4次元のユークリッド空間内部に埋め込むことはできる。

　ここまでは2次元のトーラスを想定していたが、xyz座標系の各座標ごとに周期的になる曲率ゼロの3次元のトーラスを考えることも、少なくとも数式の上では可能である。

　3次元トーラスも、境界がないのに無限に遠ざかることができない有限体積の空間である。数式上は3次元球面よりもシンプルなので、純粋に理論的な立場からは、考察しやすいかもしれない。しかし、宇宙空間のモデルとしては、不適切である。何よりも、等方性が満たされないという問題がある。xyz座標のそれぞれの軸方向に周期性があると仮定した場合、各座標軸に対して斜め方向には周期性がない。このため、トーラス状空間の宇宙は等方的ではなく、異なる方角を見たときに違いが生じる。

　現実の宇宙がトーラス構造をしている可能性はあるのか？ 観測可能な範囲でトーラス状になっているとすると、ある方角とその反対の方角に目を向けた場合、同じ銀河団を逆方向から見た姿が捉えられるはずである。しかし、そうした特徴を持つ銀河の画像は見つかっていない。もしかしたら、観測可能な範囲を超えた宇宙全体の構造がトーラスになっているかもしれないが、現時点では、宇宙空間の巨視的な構造がトーラス状である可能性はあまり考えなくてよいだろう。

　しかし、ならばトーラス状空間は議論する価値がないかというと、そうでもない。通常の物理学で、世界は1次元の時間と3次元の空間から構成されるが、もしかしたら、次元はもっとたくさんありながら、4次元時空以外の次元がきわめて小さな周期で丸まっているため、観測にかからないのかもしれない（図2-7）。そうした小さなトーラス状空間でも、物理法則に何らかの影響を与える可能性はある。例えば、電磁気が、観測できないほど小さく丸まった第5次元に起因するという学説もある（章末の【科学史の窓】参照）。

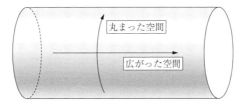

図 2-7 小さく丸まった空間

トーラス状空間は、現時点では理論的な可能性の段階にとどまっているが、現実の空間の一部がトーラス状である可能性は、まだ捨てきれない。

球面モデルの意義

アインシュタインが想定した球面状の宇宙空間は、根源的な理論から演繹によって導かれるものではない。また、当時の観測データとは全く一致しておらず、帰納的な推論とも無縁である。あくまで、宇宙の境界条件はどうなるかという純粋な思弁を通じて得られたものである。

1910年代には、宇宙空間が幾何学的な一様等方性を持つことを示唆するデータは全くなかった。渦巻星雲が銀河系と同等の島宇宙であることを窺わせるスライファーのデータも報告されていたが、学界で共有されるには至っておらず、銀河系が宇宙空間における唯一の天体集団だという見方が根強く主張されていた。にもかかわらず、アインシュタインが「宇宙は球面状だ」という、ある意味で突拍子もないアイデアを主張したのはなぜか。その理由は、「宇宙の果てはどうなっているのか」という謎を何とか解きたかったからだと思われる。

一般相対論は、時間や空間が伸び縮みする実体であることを明らかにした。それでは、こうした実体としての時間・空間は全体としてどんな形をしているのか？ 多くの人は、漠然と、遙か彼方ではゆがみのない最も自然な状態に落ち着くと考えるだろう。空間の自然な状態として、まず思い浮かぶのがユークリッド空間である。しかし、銀河系から遠ざかると次第にユークリッド空間に漸近するという考え方は、無限の空虚の中に孤立する銀河系という、不気味な宇宙像を提示する。

　そこでアインシュタインがまず考えたのは、遠方に一種の重力バリアが存在し、物質が中心部に集まって銀河系となるというアイデアである。これは、なかなか面白い発想ではあるが、アインシュタイン方程式を満たす現実的な解ではないという致命的な欠陥がある。

　おそらく、アインシュタインは、銀河系が閉じ込められるような構造がないかとあれこれ考えるうちに、無限に遠ざかることができず、まっすぐ進んで行くと元の地点に戻ってしまうような閉じた宇宙に思い至ったのだろう。ただし、観測データを説明する現実的なモデルを考案できなかったため、最も簡単な球面状空間を示しただけで、考察を止めてしまったと推測される。

🌐 なぜ定常状態を仮定したか

　宇宙の境界問題を議論する際にアインシュタインが想定していたのは、時間が経っても変化しない定常的な宇宙である。ユークリッド空間や重力バリアに囲まれた銀河系というモデルも、定常的という点では変わりない。現在では、宇宙はビッグバン以来変化し続けているという理解が広まっているので、なぜ、時間的な変化がない定常状態を想定したのか、不思議に思う人もいるだろう。だが、当時の物理学において、議論のベースに定常状態を採用するのは、ごく当たり前のやり方だった。

　1910年代半ばまでの一般相対論を構築する過程では、太陽のように圧倒的に巨大な重力源があるときの周囲の物体の運動が問題となった。この問題を論じるには、まず重力源の周囲の計量場を決定する必要があり、そのためには、ある程度の簡略化をしなければならない。太陽系での惑星運動というケースでは、惑星の重力による太陽の動きは無視し、静止した太陽による定常的な計量場を考えることが、議論の出発点となる。

　理論を適用する最初のステップとして定常解を求めるという手法は、一般相対論に限ったことではない。1926年にシュレディンガーが水素原子の波動力学を考案したとき、彼は、陽子と電子が複雑に相互作用する過程には言及せず、電子の波が陽子の周囲に定常的な振動を繰り返す定在波を形成した場合のエネルギーに論点を絞り込んだ。その結果、定在波の波形とエネルギーが自然数によって分類できることを示し、波動力学の有用性を人々に納得させた（数年後に、波動の解釈を大きく変更することになるが）。

　現実に生起する物理現象はきわめて複雑で、理論的な解明は難しい。そのため、惑星は静止した太陽が作る計量場内部を運動する、あるいは、水素原子では電子の定在波が形成されるといった、シンプルなモデルを使って議論するのが、物理学における一般的な手法である。

　初期の段階で複雑な過程が生じても、時間が経つにつれてそうした動きが収まり、単純て定常的な状態に漸近するケースは、至る所で見られる。

　原初の太陽系では、まずガスや塵が渦巻きながら集まった原始太陽系円盤の内部で多数の微惑星が形成されるが、衝突を繰り返すうちに、少数の巨大な（しかし太陽に比べるときわめて小さい）惑星だけが生き残って、円軌道に近い安定した動きを示すようになる（図2-8）。

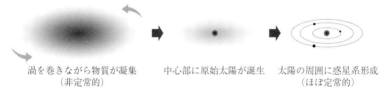

渦を巻きながら物質が凝集　　　中心部に原始太陽が誕生　　太陽の周囲に惑星系形成
　　（非定常的）　　　　　　　　　　　　　　　　　　　　　（ほぼ定常的）

図 2-8　太陽系の形成

　陽子と電子の電磁的相互作用によって束縛状態が形成される場合、最初に複雑な動きがあったとしても、しばらくすると干渉による打ち消し合いで共鳴パターンとなる定在波が残され、離散的なエネルギー準位を持つ安定状態となる。外部からエネルギーが持続的に供給されることのない孤立したシステムでは、これと似た経過をたどって何らかの安定状態に落ち着くケースが少なくない。

　アインシュタインの時代には、宇宙の歴史について議論できるような手がかりは何もなかった。少なくとも、人間が観測する範囲では、宇宙が刻々と変化していることを示すデータは（渦巻星雲がかなりの高速で運動しているというスライファーの発見を別にすれば）ほぼ皆無である。それゆえ、地球上で観測される他の多くの現象と同様に、宇宙も特定の安定な状態に到達していると想定するのは、実に自然な発想である。

　現実の宇宙は、第3章以降で示すように、刻々と姿を変えつつある。銀河系の円盤構造は、ガスが渦を巻きながら集まったことで生じた一時的な状態であり、あと数十億年もすれば、アンドロメダ銀河などと合体した結果として連鎖的な超新星爆発が生じ、円盤が吹き飛ばされてしまう。当時は知られていな

072 | CHAPTER 2 | アインシュタインの宇宙モデル

かった天の川銀河以外の銀河分布も、宇宙の歴史からすると、ごく短い期間でめまぐるしく変化する。局所銀河群に属する近傍の銀河が一つに合体する一方、それ以外の銀河はどんどんと遠ざかって、1000億年も経つ頃には地平線の彼方に去って行く。

ビッグバンから138億年後の現在は、宇宙全史からすると、開闢直後に位置づけられる。この時期には、ビッグバンの瞬間にきわめて低かったエントロピーが急増し、複雑な構造が次々と形成される。銀河の円盤構造だけではない。生命自体が、そうした構造物の一つなのである。当然のことながら、人類もこの時期に属しており、宇宙とは何かについて思いを巡らせているのだが、自分がそんな特別な時期に生まれたと気づくのは、観測と理論の双方が充分に進歩しなければ難しい。

さしものアインシュタインも、宇宙がビッグバン以降、常に変転し続けていることには、思いが及ばなかったのである。

🌐 宇宙原理

宇宙が球面状だというアイデア自体は、必ずしも現実的ではない。しかし、このモデルを展開する際に利用された「宇宙は一様等方である」という仮定は、その後の宇宙論で基本的な前提とされる。

アインシュタインが球面状空間を持ち出したのは、「銀河系から遠ざかったときの境界条件はどうなるか」という問いに対して、これ以外に合理的な解答を見いだせなかったからである。数学者ならば、「宇宙空間は、トポロジカルな性質が球面と同じである」と主張するだけで満足したかもしれないが、根っからの物理学者であるアインシュタインは、幾何学的に厳密な球面状空間を仮定して計量場を求め、これをエネルギー運動量テンソルと結びつけようとした。この議論をそのまま受け容れるならば、アインシュタイン方程式によって球面状空間の計量場と結びつけられるエネルギー運動量テンソルも、一様等方でなければならないことになる。しかし、そこまで議論を拡大すると、根拠の乏しい空理空論に堕しかねない。

もう少し現実的な立場を採用するならば、一様等方性は局所的な性質だと解釈することもできる。実際、「境界条件はどうなるか」というアインシュタインの問題意識から離れて数式だけを見ると、論文で提示されたのは、$x = y = z = 0$

付近の関係式でしかない。宇宙空間が全体として球面ではなくても、局所的に球面で近似できる空間を考えれば、この近似が成り立つ範囲に限って、アインシュタインが示した式はそのままの形で使えるのである。

現在の観測データによると、数億光年程度という精密な観測が可能な範囲に限れば、宇宙空間のエネルギー分布はほぼ一様で大局的なエネルギー流は存在しないと考えられる。アインシュタインの時代には充分に意識されていなかったが、人間が観測できる宇宙空間の範囲はそれほど広くない。その範囲に限るならば、観測的事実として、一様等方性が認められるわけである。アインシュタインが提案したモデルは、こうした局所的な性質を議論するのに役に立つ。

宇宙空間で幾何学的性質やエネルギー運動量テンソルの一様等方性が成り立つという仮定は、「宇宙原理」と呼ばれる。こうした一様等方性が、観測可能な範囲を超えてどこまで成り立っているかは、現時点では全くわかっていない。

🌐 宇宙全体を考える視座

アインシュタインは、球面状という境界のない有限な宇宙空間を想定した。現在の宇宙論では、その見方は必ずしも支持されていない。しかし、だからといって、その議論が物理学的に無価値だと考えてはならない。

彼以前には、そもそも、宇宙全体の幾何学的構造を考えるという問題意識がなかった。古代の哲学者は、宇宙空間に物質がどのように配置されているかを考えたが、空間そのものが限界を持つかどうかは、議論するための方法論がなかった。アリストテレスのように、宇宙空間に限界があると主張する哲学者はいたものの、限界となる地点で何が起きるかを具体的に論じることは不可能だった。

アインシュタインが提示した問題意識は、その後、多くの物理学者が研究する際の足がかりとなった。宇宙空間が時間経過とともにダイナミックに変化することを示したフリードマン（第3章）、あるいは、アインシュタインの静止宇宙が不安定であることを明らかにしたルメートル（第4章）は、どちらも、球面状空間という議論の土台がなければ、研究を始めることすらおぼつかなかったろう。

アインシュタインの提案は、歴史的に見れば、多くの物理学者を刺激し活発な議論を生み出す契機となった。人間の知性が及ばないと思われる領域に大胆

に踏み込んでいくその発想は、後に、ホーキングが宇宙の始まりを論じた試みにも通じるもので、科学が単に合理的な議論の積み重ねでなく、過去の理論体系から隔絶した革命的なアイデアによって進化することを示している。

　本書では、球面状空間というモデルを用いて議論を進めるが、それは、このモデルが正しいと考えられるからではなく、さまざまな議論を展開するための土台として使いやすいからだと理解していただきたい。

数学的補遺 2-1　球面状空間の極座標表示

　本文では、球面状空間の計量場を考える際、まず3次元球面が埋め込まれた4次元ユークリッド空間を考え、ユークリッド空間における4次元直交座標を球面上に射影した曲線座標を利用した。これは、アインシュタインのオリジナル論文でも使われた手法で、原点付近の方程式を比較的簡単に導けるという利点がある。しかし、一様等方な空間の一般的な性質を議論するには、必ずしも適さない。

　この補遺では、座標原点からの距離と方位角を用いた極座標表示で計量場を表す方法を紹介する。これは、一様等方性についての一般的な性質を調べる上で、便利な手法である。

　議論を簡単にするために、3次元球面（4次元ユークリッド空間における球の表面）ではなく、2次元球面を考える。

　まず、第1章§1-2で利用した変数 x と y を、次式に従って、変数 ρ と θ に変換する。

$$x = \rho \cos \theta$$

$$y = \rho \sin \theta$$

　球面を3次元ユークリッド空間に埋め込み、xyw 座標を使って3次元空間内部の位置を表すことにしよう。球面上の点Pの位置座標が ρ と θ ならば、ρ は w 軸からの距離、θ はPと w 軸を含む面と x 軸のなす角度を表す。x と y の微分は、ρ と θ を使って次のように表される。

$$dx = \frac{\partial x}{\partial \rho}d\rho + \frac{\partial x}{\partial \theta}d\theta = \cos\theta d\rho - \rho\sin\theta d\theta$$

$$dy = \frac{\partial y}{\partial \rho}d\rho + \frac{\partial y}{\partial \theta}d\theta = \sin\theta d\rho + \rho\cos\theta d\theta$$

この関係式を使って、(1.17)式の ds を $d\rho$ と $d\theta$ で書き直そう。

$$ds^2 = \left\{1 + \frac{\rho^2\cos^2\theta}{a^2 - \rho^2}\right\}(\cos\theta d\rho - \rho\sin\theta d\theta)^2$$
$$+ \left\{1 + \frac{\rho^2\sin^2\theta}{a^2 - \rho^2}\right\}(\sin\theta d\rho + \rho\cos\theta d\theta)^2$$
$$+ \frac{2\rho^2\cos\theta\sin\theta}{a^2 - \rho^2}(\cos\theta d\rho - \rho\sin\theta d\theta)(\sin\theta d\rho + \rho\cos\theta d\theta)$$

地道に計算していけば、次の形にまとまることがわかる。

$$ds^2 = \frac{a^2}{a^2 - \rho^2}d\rho^2 + \rho^2 d\theta^2$$

この式で $\rho d\theta$ は、球面を w 軸に垂直な面で截断したときの切り口となる半径 ρ の円周において、x 軸に対する角度の微分量が $d\theta$ となる微小な円弧の長さを表す。

空間の次元数を1つ上げて3次元球面にすると、截断部分の次元も上がって、半径 ρ の2次元球面を考えなければならない。このとき、角度変数は、2次元球面上の位置を指定するために2つ必要になる。2つの角度として図2-9のような θ と ϕ を選ぶと、2次元球面上の円弧として、$\rho d\theta$ の代わりに、$\rho d\theta$ と $\rho\sin\theta d\phi$ の2つの微小量を考えなければならない。このため、次の置き換えが必要となる。

$$\rho^2 d\theta^2 \quad \rightarrow \quad \rho^2\left(d\theta^2 + \sin^2\theta d\phi^2\right)$$

ここで、$\rho = ar$ と置けば、3次元球面で次の関係式を得る[7]。

$$ds^2 = a^2\left\{\frac{dr^2}{1-r^2} + r^2\left(d\theta^2 + \sin^2\theta d\phi^2\right)\right\}$$

この式が、ロバートソン゠ウォーカー計量の空間部分に相当する。一様等方性という制限の下でどのような計量場が可能かを求めると、この形の計量（こ

─────────

[7] … この説明は大幅に簡略化している。詳しく知りたい人は、幾何学の参考書を読んでいただきたい。

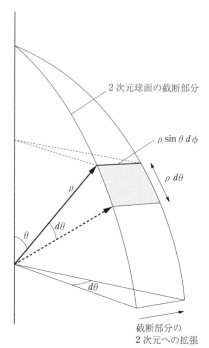

図 2-9　3 次元球面の微小量

のほかに、{　}内第1項の分母における r^2 の符号が異なる計量もある）が一般的な解として導けるため、一般相対論に基づいて等方一様な宇宙を議論する際に、よく用いられる。

　ただし、本書の第3章以降では、座標の選び方によらないフリードマン方程式を中心に議論を進めるので、ロバートソン゠ウォーカー計量については、これ以上の言及は行わない。

　一般向けの解説書には、しばしば、相対論の登場によってエーテルの存在が否定されたと記される。しかし、この点については注意が必要である。

　19世紀的な物質観によると、光は、何らかの媒質が振動を伝えるものだと考

えられた。当時の科学者は、古代ギリシャの用語を借用して、この媒質をエーテルと呼んだのである。地球外の天体からの光が届くのだから、宇宙空間にはエーテルが満たされているはずである。しかも、月や惑星が動いても、背後にある恒星の像に揺らぎが生じないことから、音の媒質となる大気と異なり、エーテルは天体に引きずられず、その内部をすり抜けると推測される。とすれば、地上の観測者からすると、自分がその真っ只中にいるエーテルの流れが観測されなければならない。

　多くの書物には、そうしたエーテル流が見出されなかったことで、エーテルが否定され相対論が構築されたと説明される。しかし、マクスウェル以来使われてきた電磁場の概念は相対論でも採用されており、光が電磁場を伝わる波であるという見方に変わりはない。では、エーテルと電磁場は何が違うのだろうか？

　端的に言えば、電磁場は空間に対して動かない、あるいは、電磁場と空間（および時間）は一体化しているのである。相対論が否定したのは、エーテルの"存在"ではなく、エーテルの"動き"である。電磁場（あえて言えば、電磁気的エーテル）の振動とは、水面に生じるさざ波のような媒質の位置移動ではなく、"場の強度"の時間変化を意味する。

　エーテルを物質的なものだと考えると、観測者の動きに応じて、エーテルの移動が観測されなければおかしい。しかし、相対論によれば、エーテルは空間に対して移動できる物質的な何かではない。観測者は、どのように動こうとも、自分がいる場所におけるエーテルの状態を見るだけであって、エーテルそのものの動きは観測できない。ちょうど、観測者にとって、空間そのものの移動が決して観測できないように。

　相対論がエーテルの存在を否定したのでないことは、アインシュタインが、1920年にライデン大学で行った講演「エーテルと相対性理論」[★8] に示される。この講演で、彼は、計量の定義された時空を重力的エーテルと呼んだ。時空が物理的属性を持たない形式的な枠組みではなく、伸び縮みする実体であることを重視し、あえてエーテルという古典的な用語を使ったのだろう。もちろん、時空が伸縮可能な実体であっても、運動する観測者が"時空の動き"を観測できないことは、光の媒質として想定されたエーテルの場合と同様である。

★8 …『アインシュタイン選集2』（湯川秀樹監修、共立出版）p.189

　アインシュタインは、電磁場に関しては重力的エーテルと全く異質の存在と見なしていたようだが、1920年代にカルツァ゠クライン理論が提出され、電磁場と重力が重力的エーテルによって統一できる可能性が示唆される。カルツァ゠クライン理論とは、時空には1次元の時間と3次元の空間だけでなく、5番目の次元が存在すると主張するものである。余剰次元となる第5次元は、トーラス状に小さく丸まっているために広がりとしては観測できないが、そこでの重力作用が他の4次元に影響を及ぼし、電磁気相互作用として観測されるという。この理論は、その後、トーラス状に丸まって見えなくなった余剰次元はいくつも存在しており、電磁気だけではなく、核力など他の全ての力が"見えない次元"における重力に起源を持つという形に拡張された。

　拡張されたカルツァ゠クライン理論が現実の世界を記述するのか、単なる理論家の空想にすぎないのか、現時点では何とも言えない。しかし、時空が伸縮可能な実体であり、そこにあらゆる物理現象の起源があるという発想は、アインシュタインが夢見た統一理論の可能性が一般相対論の上に築けることを示すもので、興味深い。

フリードマン方程式

　科学に興味のある現代人の多くは、宇宙が138億年前のビッグバン以来、不断に膨張し続けていることを知っているだろう。それだけに、アインシュタインが「定常状態にある」との前提の下で宇宙の全体像を考察したことは、奇妙に感じられるかもしれない。

　注意しなければならないのは、宇宙が全体として変化しつつあることを示す確実なデータが、1929年のハッブルの発見までなかった点である。それ以前に得られていたスライファーの観測データは、銀河系周辺における渦巻星雲の運動を示すものと解釈されていた。ハッブルの報告自体、宇宙の膨張を示すものかどうかはっきりしなかった（こうした観測データについては第4章で解説する）。このことを踏まえると、アインシュタインが採用した「定常的」という前提は、決して奇妙なものではない。

　ただし、前提はともかくとして、アインシュタインが得た静止宇宙の解は、いろいろと奇妙な点を内包している。フリードマンやルメートルのような後続の研究者は、この点を問題視して方程式を再点検し、結果的に、刻々と変化する動的な宇宙という新たな世界観に到達したのである。

　本章では、最初に動的宇宙の論文を発表したフリードマンの業績を紹介したい。観測データや宇宙創成のメカニズムにも言及したルメートルについては、続く第4章で解説する。

§3-1　動的宇宙の可能性

　前章で示したように、アインシュタインは、方程式の解となる宇宙モデルを得るために、宇宙項を付け加えた。彼は、こうした宇宙項の付加が、一様等方

（かつ定常的）な宇宙を実現する上で必要であることを、1917年論文の最初の節で簡単に論じている。

　彼が注意を促したのは、ニュートンの重力理論において、物質が存在するとき完全な一様等方解が存在しないことである。

　第1章の(1.22)式で示したように、ニュートンの重力理論の基礎方程式は、重力ポテンシャルΦを空間座標で2階微分したものが物質密度ρに比例するという形になる。Φが場所によらずに一定だとすると、その2階微分は常にゼロになるので、Φもρも一定になる一様等方な解は、決して方程式を満たさない。あらゆる地点で重力ポテンシャルと物質密度が一定になるような宇宙は、あり得ないことになる。

　ところが、(1.22)式を修正し、次のように重力ポテンシャルに比例する項を方程式に付け加えると、状況が変わる。

$$\triangle\Phi - \Lambda\Phi = 4\pi G\rho \tag{3.1}$$

この場合、重力ポテンシャルが次式で与えられる定数Φ_0に等しければ、無限の空間領域にわたって一定値ρの密度で質量が分布していたとしても、方程式(3.1)は満たされる。

$$\Phi_0 = -\frac{4\pi G\rho}{\Lambda}$$

質量密度が一様ではなく場所による揺らぎがある場合は、重力ポテンシャルが一定値から変動するが、Λの値が充分に小さければ、この変動部分は、ニュートンの重力ポテンシャルと近似的に等しくなる。

　アインシュタインは、ニュートンの理論と同様に、一般相対論でも方程式を修正しなければ一様等方な静止宇宙の解が得られないと言いたかったようだ。しかし、付け加えた項が物理的に何を意味するかは明言しなかった。

　付加項がもたらす効果は、時間変化を見ることで明らかになる。一般相対論は、ニュートンの重力理論とは異なり、方程式を解くことによって、時空の伸縮を表す計量場が時間とともに変化する過程が導かれる。方程式に付加された項によって何がどう変動するかがわかれば、その項が果たす物理的な役割も、自ずと明らかになるはずである。

🌐 静止宇宙の不自然さ

前章で示した静止宇宙は、宇宙項を含むアインシュタイン方程式の厳密解（近似ではなく、方程式を完全に満たす正確な解）ではあるが、現実的かどうかは、改めて検討しなければならない。

物理学の方程式を解こうとするとき、まず気にかけねばならないのが、物理的自由度と方程式の数がうまく釣り合っているかどうかである。この観点からすると、静止宇宙を導く議論では、釣り合いがとれていない。

空間が球面状でエネルギー分布が一様等方のとき、この宇宙の状態を規定する物理量は、球面の半径 a と平均的なエネルギー密度 ϵ の2つである。この2つの物理量に対して、満たすべきアインシュタイン方程式は時間成分と空間成分の2つ（それ以外の非対角成分はすべて恒等的にゼロ）がある。したがって、a と ϵ はいずれも、方程式に含まれる物理定数 κ と Λ によって決まってしまう（(2.7)式）。

ふつうに考えれば、宇宙がどれくらいの大きさでどれだけエネルギーを含むかは、さまざまなケースが許されるはずである。しかし、アインシュタインの静止宇宙に、そうした自由度はない。大きさも内容物も、あらかじめ決められた宇宙しか存在できないことになる。

こうした自由度の欠如は、時空がダイナミックに変動するという一般相対論にあっては、かなり不自然な事態だと言わざるを得ない。質量分布が与えられれば全空間での重力ポテンシャルが瞬時に決定されるニュートンの重力理論ならばともかく、エネルギーに応じて時間と空間が伸び縮みするという特徴が、まったく現れていない。

不自然さの原因は、モデルの構築に当たってダイナミズムを無視したことにある。時間とともに変動する自由度が考慮されていれば、大きさやエネルギー密度が時間とともに変化するさまざまな宇宙の可能性が開かれたはずである。そこで、次のステップとして、時間変化を取り入れた宇宙モデルを考察することにしたい。

アインシュタインの静止宇宙は、動的な宇宙が到達する平衡状態かもしれない。例えば、現在の太陽系は、惑星が太陽の周囲をほぼ円軌道を描いて周回し、「公転周期の2乗が軌道長半径の3乗に比例する」といった奇妙な法則に支配されている。この平衡状態は、太陽形成以前に渦を巻いてガスが集まることで生

じた原始太陽系円盤において、全体的な流れに従わない微惑星が中心部に落下したり円盤の外に弾き出されたりした結果、円軌道を描く物質が残って惑星を形成したことで実現された。同じように、宇宙全体も、ダイナミックに変化した挙げ句、奇妙な関係式が成り立つ静止宇宙に落ち着いたのだろうか？

　時間変化を調べるには、アインシュタインも二の足を踏んだ面倒な計算が必要になる。この計算を初めて遂行したのが、ソ連の数理物理学者アレクサンドル・フリードマンである。彼の計算によって、静止宇宙が、変転の末に到達する平衡状態ではなく、現実にはあり得ない不安定な状態だと判明した。宇宙空間は、無限小か無限大になるまで、とどまることなく変化し続けるのである。

🌐 動的な一様等方宇宙

　球面状宇宙の時間変化を調べるには、どのようにすれば良いか？ 一つのやり方は、アインシュタインの静止宇宙を基本解と見なし、そこから部分的に計量場をずらしたときに何が起きるかを見ることである。これは、平衡状態の安定性を調べるための通常の手法で、弾性体力学などでしばしば見られる。しかし、一般相対論の場合は計算が厄介で、必ずしもうまくいかない。

　フリードマンが採用したのは、球面状という幾何学的性質を保ったまま、半径に相当するaが時間とともに変化するという仮定だった。この仮定を用いると、空間の幾何学的構造もエネルギー分布も、常に一様等方性が保たれる。

　アインシュタインの静止宇宙を4次元の存在として眺めると、同じ半径を持つ球面が時間方向に伸びた形をしているため、空間の1つの次元と時間1次元という部分だけに限れば、円柱側面に相当する平面となる。このため、時間方向の曲率はゼロであり、リッチテンソルも添え字に時間（第0座標）を含む成分はゼロとなる。しかし、aが時間に依存して変化すると、時間と空間を併せた時空は時間方向にもゆがみが生じ、もはや円柱側面のような平面ではない（図3-1）。

　aが時間とともに変化する場合には、空間座標がaと同じように伸縮する座標を選ぶと式が簡単になる。この座標は、表面に座標を書き記した球形のゴム風船をイメージするとわかりやすい（第1章で用いた伸縮自在の方眼紙の球面版である）。どの部分も一様に伸び縮みするように風船を膨らませたりしぼませたりすると、球面上の座標間隔は球の半径aと同じ割合で変化する。球全体

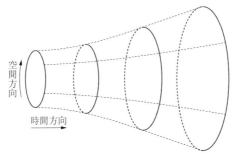

図 3-1 空間の大きさが変化する宇宙

の膨張・収縮と同じ割合で変化する座標なので、冷えて動かない物質が空間内部に一様にばらまかれているとき、aが変化しても、それぞれの物質の位置座標は同じ値のままである。座標が球面上の物質と共に動くことから、aと同じ割合で伸縮する空間座標を「共動座標」という（図3-2）。

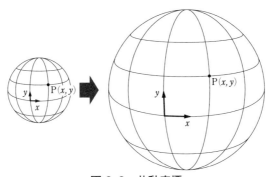

図 3-2 共動座標

これまで利用してきた球面上の空間座標を共動座標に変更するには、空間的な長さの単位を持つ座標（第1章(1.17)式や(1.18)式で使われたx, y, z、あるいは、第2章【数学的補遺2-1】のρ）を球の半径aで"リスケール（尺度の取り直し）"すればよい。具体的には、$x = ax', y = ay', z = az'$、あるいは、$\rho = ar$と置いて、共動座標$x', y', z'$や$r$に変換する（$\rho$から$r$への変換は、【数学的補遺2-1】ですでに書いておいた）。

これらの共動座標は、aを長さの基準とする無次元の座標であり、各座標の最大値はいずれも1となる。地球全体が膨らんだりしぼんだりするとき、自分のいる場所を経度や緯度で表したとすると、これらも共動座標だと言える。2

点間の距離のような絶対的な長さは、共動座標で表された間隔に a という長さの単位を持つ量を乗じて、はじめて求められる。

球面状空間における a は、もともと球の半径という幾何学的な意味を持つ量として導入された。ただし、この球は現実に存在するのではなく、球面状空間の関係式を求めるために仮想的なユークリッド空間で便宜的に想定したもので、物理学的な意味は持たない。共動座標を使う場合、a は仮想的な球の半径と言うよりも、基準となるスケールを表す量としての意味を持つ。したがって、これ以降は、a を球の半径ではなく「スケール因子」と呼ぶことにする。この呼称は、球面状空間だけでなく、§3-2で紹介する鞍面状空間でも使う。

共動座標で空間の位置を表す場合、座標が同じ地点から周囲を見ると、時間が経過しても宇宙空間は一様等方性を保っている。どの地点で見ても、大局的なエネルギーの流れはなく、エネルギー密度は全空間（球面全体）での平均値と一致する。したがって、場所によって時間の差違が生じることはなく、すべての地点を同じ時間座標で表すことができる。本書では、この時間を「宇宙標準時」と呼ぶことにする。

スカイツリー実験のように、地上階と展望台とで時間の伸縮に差があるときは、便宜的な標準時を地上階などどこか適当な場所で定める必要がある。しかし、球面状宇宙の半径だけが変化する場合、全空間で共通の時間尺度を使うことができるので、最もシンプルな次の計量場を採用するのが得策である。

$$g_{00} = -1$$

このときの時間座標を t とすると、スケール因子は場所によらず t のみの関数となるので、$a(t)$ と書くことができる[★1]。

🌐 球面状空間のユークリッド近似

共動座標と宇宙標準時という便利な座標を使ってリッチテンソルを計算し、アインシュタイン方程式に当てはめれば、スケール因子 $a(t)$ が満たすべき方程式が求められる。もっとも、この計算は、かなり繁雑な作業となる。一般相

★1 … ここで導入した時間座標 t は、計量場の形に示されるように、空間座標と同じ単位で表されるものである。時間座標 t の単位を［秒］、空間座標 x, y, z の単位を［メートル］で表す場合は、単位を換算するための係数を付けて ct と記す必要がある。

対論の専門家を目指す大学院生ならば、そうした計算も臆さずに遂行しなければならないのだが、本書は、より広範囲の読者を対象とするので、ここでは、ユークリッド近似を使って大幅に簡略化した計算を示すことにしたい。

スケール因子aは、球面状空間の場合、仮想的な4次元ユークリッド空間における球の半径という形で球面全体の大きさを表す量である。この大きさよりも充分に小さい領域では、空間が球面状（あるいは、§3-2で説明する鞍面状）に湾曲しているという性質は、ほとんど表に現れない。そこで、ごく狭い領域に限定するという条件で近似してみよう。

球の半径を無限大にすると球面は平面に漸近するのだから、aに比べて充分に小さい領域だけを考えるならば、球面状空間をユークリッド空間で置き換えることができる。具体的には、第1章(1.17)式で$x = a(t)x'$といったリスケールを行い、$|x'| \ll 1$などの条件の下で近似する。

$$ds^2 = \left\{ 1 + \frac{x^2}{a^2 - x^2 - y^2} \right\} dx^2 + \cdots$$
$$= \left\{ 1 + \frac{(ax')^2}{a^2 - (ax')^2 - (ay')^2} \right\} a^2 dx'^2 + \cdots$$
$$\approx a^2 dx'^2 + \cdots$$

これは、空間部分だけを抜き出した式だが、時間部分も含めた上でユークリッド近似を採用すると、計量場は次式で表される[★2]。

$$g_{\mu\nu}^{(E)} = \begin{pmatrix} -1 & 0 & 0 & 0 \\ 0 & a^2 & 0 & 0 \\ 0 & 0 & a^2 & 0 \\ 0 & 0 & 0 & a^2 \end{pmatrix} \tag{3.2}$$

右肩の(E)は、ユークリッド近似であることを示す。

現実の宇宙において、空間が球面状（あるいは鞍面状）に湾曲していることを示す観測データはまったくない。銀河や恒星などの周辺で局所的なゆがみが観測されるだけで、大局的にはユークリッド空間と見なしてかまわない。

そこで、時間変化を含む方程式を導く際には、ユークリッド近似に基づいて

★2 … この式は、$x'y'z'$座標（xyz座標をリスケールした座標）を使ったときにのみ成り立つ。ロバートソン＝ウォーカー計量を採用した場合、ユークリッド近似での計量場は、ユークリッド空間での極座標表示に対応したものとなる。

考えることにする。

🌐 ユークリッド近似でのリッチテンソル

一様等方性を保ったまま球面の大きさが変化する場合、計量場 $g_{\mu\nu}$ は、スケール因子 $a(t)$ のみを通じて時間依存性を持つ。さらに、狭い領域だけを考えることにしてユークリッド近似を採用すると、空間座標にも依存しない。

リッチテンソル $R_{\mu\nu}$ は、計量場のたかだか2階までの微分しか含まないが、それでも球面状空間での計算は、かなり厄介である。しかし、ユークリッド近似を採用すれば、空間座標による微分はすべてゼロになるので、計算はずっと楽になる。

具体的な計算手順は、章末の【数学的補遺3-1】に記しておくので、興味のある読者は参照してほしい（近似なしにリッチテンソルを計算してみたいというツワモノは、大学院生向けの一般相対論の教科書を読むように）。

このようにして求められるリッチテンソルの各成分は、次のようになる[3]。

$$R_{00}^{(E)} = \frac{3\ddot{a}}{a}$$
$$R_{11}^{(E)} = R_{22}^{(E)} = R_{33}^{(E)} = -\left(a\ddot{a} + 2\dot{a}^2\right) \tag{3.3}$$
$$R_{\mu\nu}^{(E)} = 0 \qquad (\mu \neq \nu)$$

a の上に付けたドットは、時間 t（場所によらない宇宙標準時）で微分することを示す記号で、ドット1つが1階微分、2つが2階微分を表す。

スカラー曲率 R を求めるには、計量場(3.2)の逆行列が必要になる。

$$g^{\mu\nu(E)} = \begin{pmatrix} -1 & 0 & 0 & 0 \\ 0 & 1/a^2 & 0 & 0 \\ 0 & 0 & 1/a^2 & 0 \\ 0 & 0 & 0 & 1/a^2 \end{pmatrix} \tag{3.4}$$

ユークリッド近似でのスカラー曲率は、(3.4)式で表される計量場の逆行列と

---

[3] … ロバートソン = ウォーカー計量のように、$x'y'z'$ 座標とは異なる座標を使った場合、リッチテンソルの空間成分は、計量場の空間成分を使って次のように表される。
$$R_{ij}^{(E)} = -\frac{1}{a^2}\left(a\ddot{a} + 2\dot{a}^2\right)g_{ij}^{(E)} \qquad (i, j = 1, 2, 3)$$

リッチテンソルの積で表される。

$$R^{(E)} = \sum_{\alpha,\mu=0}^{3} g^{\alpha\mu(E)} R_{\mu\alpha}^{(E)} = -R_{00}^{(E)} + \frac{1}{a^2}\left(R_{11}^{(E)} + R_{22}^{(E)} + R_{33}^{(E)}\right)$$

これに (3.3) 式を代入すれば、ユークリッド近似でのスカラー曲率が得られる。

$$R^{(E)} = -\frac{6}{a^2}\left(a\ddot{a} + \dot{a}^2\right) \tag{3.5}$$

ユークリッド近似でのリッチテンソルを表す (3.3) 式には、いくつかの特徴がある。定性的に説明しよう。

- ユークリッド空間は一様等方なので、リッチテンソルの非対角成分はゼロになり、対角成分の空間部分はすべて等しい。
- 時間 t による微分は、たかだか2階までしか含まれない。これは、リッチテンソルが計量場の2階微分までで表されることの直接的な帰結である。
- リッチテンソルの成分は場所によらず、時間だけの関数である。このため、(3.3) 式は（ユークリッド空間として表された）空間内部の任意の地点で成り立つ。
- リッチテンソルの00成分は、分母・分子が a に関して同次である。一方、対角成分の空間部分は a の2次なので、計量場の逆行列を乗じて求めるスカラー曲率は、分母・分子が a の同次式となる。

🌐 球面状宇宙のスカラー曲率

ここまでは、ユークリッド近似の下で計算を行った。ユークリッド空間で近似せず、球面状空間のままリッチテンソルを計算すると、空間が湾曲する影響は空間成分のみに現れる。(3.3) 式のうち、非対角成分がゼロという性質や00成分の値はそのままだが、対角成分の空間部分は修正が必要となる。ここでは、球面状空間で厳密な計算を行ったときの00成分（(3.3) 式と同じ）とスカラー曲率を記しておこう。

$$R_{00} = \frac{3\ddot{a}}{a}$$
$$R = -\frac{6}{a^2}\left(a\ddot{a} + \dot{a}^2 + 1\right) \tag{3.6}$$

(3.6) 式のスカラー曲率は、ユークリッド近似による (3.5) 式と比べると、括弧内における +1 の項だけ異なっている。+1 が必要なことは、次のように考えると明らかだろう。

スケール因子 a が時間によらずに一定の場合、ユークリッド近似では定常的なユークリッド空間の宇宙となるので、当然のことながら、スカラー曲率はゼロとなる。空間がユークリッド的ではなく球面状であることは、スケール因子が一定でもスカラー曲率がゼロにならないという形で現れる。第2章 (2.5) 式に記したように、時間によらずに定常的な3次元球面状空間のスカラー曲率は $-\dfrac{6}{a^2}$ であり、これが (3.6) 式の括弧内における +1 の起源となる。

🌐 動的宇宙のアインシュタイン方程式

宇宙標準時 t が経過するにつれてスケール因子 $a(t)$ がどのように変化するかは、これまでに得られたリッチテンソルやスカラー曲率とアインシュタイン方程式を組み合わせれば求められる。ここでは、ユークリッド近似によって計量場やリッチテンソルを簡略化し、最後の段階で、(3.6) 式に現れた +1 の項を付け加えるという（手抜きの）計算を行うことにする。

ユークリッド近似の下でリスケールした直交座標系を採用した場合、空間内部のどの地点でも、(3.2) 式の計量場（および (3.4) 式の逆行列）、(3.3) 式のリッチテンソル、(3.5) 式のスカラー曲率の式は成り立つ。これを使えば、アインシュタイン方程式の左辺は計算できる。

一方、アインシュタイン方程式の右辺に現れるエネルギー運動量テンソル $T_{\mu\nu}$ の形も、大幅に制限される。スケール因子が変化しても空間は常に一様等方的であることから、第2章図2-5に示したように、対角成分のみがゼロでない値を持ち、3つの空間成分は等方的な圧力項となる。一様等方性が満たされるならば、この特徴は、ユークリッド近似のケースに限らずに成り立つ。そこで、$T_{\mu\nu}$ を次の形に表す。

$$T_{\mu\nu} = \begin{pmatrix} \epsilon & 0 & 0 & 0 \\ 0 & a^2 p & 0 & 0 \\ 0 & 0 & a^2 p & 0 \\ 0 & 0 & 0 & a^2 p \end{pmatrix} \tag{3.7}$$

ϵ はエネルギー密度で、質量によるエネルギーだけを考える場合は、質量密度を ρ とすると、$\epsilon = \rho c^2$ となる。p は圧力（等方的な静水圧）で、単位面積あたりの力である。共動座標では、物理的な長さが座標間隔にスケール因子 a を乗じた値になることを考慮して、圧力 p に係数 a^2 を付けた。

以上をまとめて、アインシュタイン方程式を書き下そう。

方程式左辺の00成分（ユークリッド近似、宇宙項あり）は、

$$R_{00}^{(E)} - \frac{1}{2}g_{00}^{(E)}R^{(E)} - \Lambda g_{00}^{(E)} = \frac{3\ddot{a}}{a} - \frac{3}{a^2}\left(a\ddot{a} + \dot{a}^2\right) + \Lambda$$

となる。ユークリッド近似をやめて球面状空間での左辺を計算すると、スカラー曲率に対応する第2項の括弧内に +1 の項が加わる。

方程式右辺の00成分は $-\kappa\epsilon$ なので、まとめて次式を得る。

$$-\frac{3\dot{a}^2}{a^2}\left(-\frac{3}{a^2}\right) + \Lambda = -\kappa\epsilon \tag{3.8}$$

括弧に入れた左辺第2項は、球面状空間では存在するが、ユークリッド近似では消える項である。

(3.8)式が、§3-2 で議論する**フリードマン方程式**の基本形である。

アインシュタイン方程式の空間部分を計算する代わりに、計量場の逆行列を乗じた式に書き直そう。

$$[左辺] \quad \sum_{\mu,\nu=0}^{3} g^{\alpha\mu}\left(R_{\mu\alpha} - \frac{1}{2}g_{\mu\alpha}R - \Lambda g_{\mu\alpha}\right) = -R - 4\Lambda$$

$$[右辺] \quad -\kappa\sum_{\mu,\nu=0}^{3} g^{\alpha\mu}T_{\mu\alpha} = \kappa(\epsilon - 3p)$$

左辺の R には、ユークリッド近似ならば(3.5)式、球面状空間の厳密な計算ならば(3.6)式を代入する。［左辺］＝［右辺］は次式となる。

$$\frac{6}{a^2}\left\{a\ddot{a} + \dot{a}^2(+1)\right\} - 4\Lambda = \kappa(\epsilon - 3p) \tag{3.9}$$

括弧に入れた +1 は、ユークリッド近似では省かれる。

(3.8)式と(3.9)式が、一様等方動的宇宙（球面状空間、またはそのユークリッド近似）のアインシュタイン方程式である。

🌐 エネルギー保存則

前節で導かれたアインシュタイン方程式を組み合わせると、次のエネルギー保存則を導くことができる。この計算過程はかなり面倒なので、【数学的補遺3-2】に記しておく。

$$\dot{\epsilon} + \frac{3\dot{a}}{a}(\epsilon + p) = 0 \tag{3.10}$$

(3.10)式が、3次元一様等方空間でのエネルギー保存則であり、球面状空間でもユークリッド近似でも成立する。

この式がエネルギー保存則であることは、冷えて熱運動をしない粒子だけがエネルギー源となるケースを考えると明らかである。熱運動がないので、粒子がぶつかることによる圧力は存在せず、$p = 0$と置ける。このとき、(3.10)式の両辺にa^3を乗じると、

$$a^3\dot{\epsilon} + 3\dot{a}a^2\epsilon = \frac{d}{dt}\left(\epsilon a^3\right) = 0 \tag{3.11}$$

と書き換えられる。(3.11)式は、エネルギー密度ϵにスケール因子aの3乗を掛けた量が、時間が経過しても一定に保たれることを意味する。

球面状空間の場合、スケール因子aは仮想的な4次元球の半径であり、aの3乗はその表面積、すなわち、球面状空間の体積に比例する（比例係数は円周率を含む定数）。したがって、ϵa^3は、空間全域におけるエネルギーの総量に相当する。

ただし、エネルギー保存則を考える際には、宇宙空間全体を問題にする必要はない。ある空間領域の体積はスケール因子aの3乗に比例して伸び縮みするため、ϵa^3は、膨張したり収縮したりする領域に含まれるエネルギー量に比例する。この値が一定であることは、圧力やエネルギーの流れがない場合のエネルギー保存則を表す。

エネルギー源として物質の質量だけを想定するならば、質量密度をρとして$\epsilon = \rho c^2$と置き、質量の保存則と読み替えることもできる。ただし、c^2は、エネルギーと質量の単位を換算する定数である。

アインシュタイン方程式を組み合わせるとエネルギー保存則が導かれることは、不思議ではない。第1章§1-1で述べたように、エネルギー保存則は、ネー

ターの定理を使えば、時間が経過しても方程式の形が変化しないことから導かれる。単振動についてのニュートンの運動方程式から運動エネルギーと弾性エネルギーの和が一定になるというエネルギー保存則が導けるのと同じように、時空に関する運動方程式であるアインシュタイン方程式からエネルギー保存則が得られるのである。

　一様等方宇宙の場合、アインシュタイン方程式は、時間成分と空間成分の2つある。これらを組み合わせるとエネルギー保存則(3.10)式が得られるが、これと(3.8)式を組み合わせれば(3.9)式が得られるので、2つのアインシュタイン方程式の代わりに、エネルギー保存則(3.10)式とアインシュタイン方程式の一方（フリードマン方程式に相当する式）である(3.8)式を独立な基礎方程式と見なすことが許される。

　方程式が2つなのに対して、独立変数は、スケール因子a、エネルギー密度ϵ、圧力pの3つある。すべての変数について解くためには、方程式と変数の個数が一致していなければならないので、もう1つの式が必要となる。通常、この式としては、エネルギー密度と圧力の関係を表す状態方程式が採用される。状態方程式を含む議論は第5章で行うことにして、本章では、冷たい粒子だけが存在する宇宙について考えることにする。

§3-2 フリードマン方程式と解の分類

　現在の宇宙は、極限まで冷え切っている。温度が高ければ放射（＝光）のエネルギーが空間に満ちるため、空間に置かれた物体には放射圧が作用するが、現実の宇宙空間は、絶対温度で3度程度（零下270℃）の極低温状態である。所々に熱い恒星が点在するものの、その密度はきわめて低い。太陽の直径は140万キロメートルだが、最も近い恒星であるケンタウルス座プロキシマでも40兆キロメートル彼方にあり、宇宙がいかにスカスカであるかがわかる。したがって、現在の宇宙には、熱運動を行わない冷たい物質粒子だけが存在しており、エネルギー運動量テンソルに含まれる圧力項はゼロと見なしてかまわない。

　エネルギー保存則(3.10)式で$p = 0$と置いた場合は(3.11)式が成り立つので、これを積分した保存則：

$$\epsilon a^3 = M \,(\text{定数})$$

が成り立つ。M は積分定数であり、球面状空間では、空間全域におけるエネルギーの総量（に円周率を含む定数を乗じたもの）に相当する。エネルギーのほぼすべては、物質の質量エネルギーである。

ユークリッド近似では、M は形式的に1辺の長さがスケール因子 a に等しい立方体内部のエネルギーとなる。ただし、実際には、領域の大きさが a に近づくとユークリッド近似が成り立たなくなるので、微小量を γ として1辺が $a\gamma$ の立方体を想定し、その内部のエネルギーを γ^3 で割った値を形式的に M と置いたものと考えていただきたい。

M を使うと、(3.8)式は

$$-\frac{3\dot{a}^2}{a^2}\left(-\frac{3}{a^2}\right) + \Lambda = -\frac{\kappa M}{a^3} \tag{3.12}$$

となる。本書では、この方程式を、冷たい宇宙におけるフリードマン方程式と呼ぶ[★4]。括弧でくくった左辺第2項は、宇宙空間が球面状であることを表す項で、ユークリッド近似では存在しない。

(3.12)式は、a に関する常微分方程式なので、解の性質は容易に調べられる。次に、係数の範囲を場合分けしながら、解の性質を見ていきたい。

🌐 解の定性的な振る舞い

フリードマン方程式 (3.12) を解く前に、解がどのような振る舞いをするか、定性的な観点から考えてみよう。議論を簡単にするためにユークリッド近似を採用し、(3.12)式（括弧でくくった項がないもの）を、次のように書き直してみる。

$$\dot{a}^2 - \frac{\kappa M}{3a} - \frac{1}{3}\Lambda a^2 = 0 \tag{3.13}$$

式に含まれる量のうち、a は幾何学的な大きさに相当するので必ず正、ある空間領域に含まれる質量エネルギーを表す M も正である。一方、宇宙項は、第

★4 … 一般相対論の教科書では、宇宙項の係数（宇宙定数）Λ がゼロのケースをフリードマン方程式と呼ぶことがある。しかし、フリードマンの原論文では、Λ がゼロでないとして解の場合分けがされているので、この呼び方は適当ではない。

1章で示したように「アインシュタイン方程式の左辺に現れる項で、計量場に比例する」という条件だけ付けて導入したものなので、その係数である宇宙定数Λは、正にも負にもなる。

(3.13)式がどのようなものかを理解するため、ニュートン力学の教科書で見かける次の式と比較してみよう。

$$\frac{1}{2}\dot{r}^2 - \frac{GM}{r} + \frac{L^2}{2r^2} = E \tag{3.14}$$

この式は、太陽系における惑星運動の基本式として知られる。太陽の質量をM、万有引力定数をG、惑星が持つ単位質量あたりの角運動量をL、同じく単位質量あたりの力学的エネルギーをEとしたとき、太陽と惑星の間の距離rがどのように変化するかを与える式である。

角運動量は一定に保たれるという力学法則（惑星運動では面積速度一定の法則と同じ）があるので、惑星は太陽に近いほど回転速度が大きくなる。その結果、太陽に近いほど大きな遠心力が働き、あたかも太陽から遠ざける作用が存在するかのように振る舞う。この仮想的な作用をもたらす「遠心力ポテンシャル」を力学的エネルギー保存則の式に取り込んだのが、(3.14)式左辺の第3項$L^2/2r^2$である。

(3.14)式左辺の重力ポテンシャル（第2項）と遠心力ポテンシャル（第3項）、および両者を加えた全ポテンシャルUを、太陽までの距離rの関数としてグラフで表そう（図3-3）。

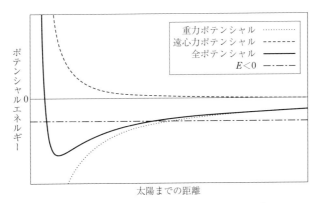

図 3-3　惑星運動のポテンシャルエネルギー

　力学的エネルギーEが負で全ポテンシャルUの最小値より大きければ、Uは$E =$（一定）のグラフと2箇所で交わる。運動エネルギーは必ず正なので、惑星運動は2つの交点の間に限られる。この交点で太陽までの距離rが最小値ないし最大値となり、惑星軌道の近日点と遠日点に対応する。このとき惑星は、ケプラーの法則に従って楕円軌道を描く。

　Eが正の場合、Uとの交点は近日点のみの1箇所となる。このケースでは、天体は太陽の周りを周回する惑星ではなく、無限の彼方から飛来して、近日点で太陽に最接近した後、再び無限遠まで飛び去る。2017年にハワイの天文台で発見されたオウムアムアは、実際にこうした動きを示した観測史上初の恒星間天体だった。

　Eが負ならば惑星運動が有限の範囲に限られ、太陽までの距離は、最小値と最大値の間を公転周期に等しい周期で振動するが、これは安定平衡点での振る舞いに相当する。力が釣り合って物体が静止する地点が平衡点だが、静止していた物体をわずかにずらしたときに微小な振動を行うのが「安定な」平衡点である。ポテンシャルをグラフで表したとき、傾きがゼロとなるのが平衡点で、その付近で下に凸ならば安定、そうでなければ不安定となる。惑星運動における全ポテンシャル（図3-3の実線）は極値付近で下に凸なので、2つの交点が現れるEが負のケースでは、釣り合いの周りで振動する安定平衡点となる。惑星運動で平衡点に相当するのは、太陽までの距離が一定になる円軌道である。

　それでは、(3.13)式で表されるフリードマン方程式ではどうなるだろうか？この式が力学的エネルギー保存則とよく似た形をしていることを利用し、左辺第1項を運動エネルギー、第2項と第3項をポテンシャルエネルギーと解釈して、惑星運動の場合と同様のグラフを書いてみよう。呼び名があった方が便利なので、第2項は重力ポテンシャルと似ているから重力項、第3項は宇宙項と呼ぶことにする（ただし、どちらも一般的な呼称ではなく、本書だけの用法である）。右辺のゼロは、仮に力学的エネルギーEとしておく。

　宇宙定数Λの値が負の場合は、図3-4のようなグラフとなる。

　運動エネルギーに相当する(3.13)式左辺第1項は必ず正なので、実現されるのは、第2項と第3項の和がゼロになる地点よりも左側の領域である。ゼロになる地点はポテンシャルの坂道の途中であり、そこで平衡点に達する訳ではない。スケール因子は、$a = 0$から始まってaが大きくなるようにポテンシャルの坂道を上った後、全ポテンシャル（重力項と宇宙項の和）が0になる最大値

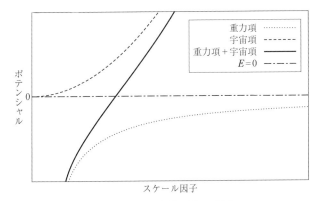

図 3-4　宇宙定数が負の場合

で折り返し、再び$a = 0$まで変化する。

　続いて、Λの値が正の場合を考えよう。このときのグラフは、図3-5で示される。

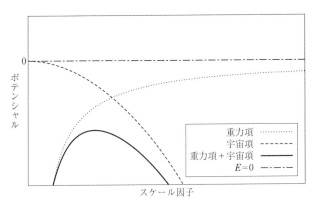

図 3-5　宇宙定数が正の場合

　このグラフからわかるように、ポテンシャルは上に凸となるため、決して安定な平衡は実現されない。$a = 0$から始まってどこまでもaが大きくなる、あるいは逆に、$a = +\infty$から$a = 0$まで小さくなるような変化が起きる。

宇宙項の物理的な意味

　宇宙空間の時間的変化は、(3.13)式の重力項（第2項）と宇宙項（第3項）に応じて定まる。空間内部に存在するエネルギーの効果を現す重力項は、$-1/a$という形からわかるように、常にaをゼロに近づけようとする作用である。これは、重力が万有引力であることに相当する。

　一方、宇宙定数Λに起因する宇宙項は$-a^2$に比例しており、係数となるΛが負のときはaをゼロにしようとする重力に似た作用、Λが正ならば逆にaをどこまでも大きくしようとする反重力作用が生じる。

　この振る舞いに似ているのが、バネに蓄えられる弾性エネルギーである。フックの法則に従うバネ定数kのバネに質量mのおもりを取り付け、滑らかな水平面の上で単振動させたとき、よく知られているように、次式で表される力学的エネルギー保存則が成り立つ。

$$\frac{1}{2}m\dot{x}^2 + \frac{1}{2}kx^2 = E$$

　この式に現れる$\frac{1}{2}kx^2$は、おもりを平衡点からxだけ変位させたとき、$x = 0$に引き戻そうとする復元力$-kx$が作用することによる弾性エネルギーである。ただし、復元力になるのは、kが正の場合に限られる。kが負になると、反弾性とでも言うべき力となり、少しでも変位させると、その変位をより大きくするような作用となる。

　弾性エネルギーのアナロジーを使って宇宙項を解釈すると、宇宙定数Λが負のときは、宇宙項が空間全域に作用する引力として作用し、$a = 0$という平衡点に引き戻そうとする復元力になる。一方、Λが正になると、平衡点から引き離したとき、復元力とは逆に、より変位を大きくしようとする力が働く。これが、正の宇宙項による反重力作用で、スケール因子aをどこまでも大きくしようとする。いずれの作用も、aを有限な値で安定させる効果はない。

宇宙空間は不安定である

　フリードマン方程式が示したスケール因子の振る舞いは、一様等方の宇宙空間が不安定であることを示す。宇宙全体が球面状の場合、スケール因子aは球面の大きさ（仮想的な4次元球の半径）に相当しており、球面が特定の大きさ

で安定することなく、時間が経つにつれて無限小か無限大に変化することを表す。こうした不安定性は、ユークリッド近似でも見られる。

　通俗的な解説書では、「一般相対論における重力作用は、空間のゆがみによって生じる」と説明されることが多い（実際には、本書第1章で説明したように、時間の伸縮がニュートン的な重力の起源である）。こうしたイメージを抱いていると、ゆがみのないユークリッド空間は安定した状態のように思われるかもしれない。薄い金属板を使った板バネでは、金属原子が規則正しく配列した結晶の状態が安定である。外力を加えて弾性変形の範囲で曲げると、外力の仕事によって原子間のポテンシャルエネルギーが変化し、たわみによる弾性エネルギーとして蓄積される。外力を急に除くと、弾性エネルギーが解放されてしばらく振動した後、再び規則正しい原子配列の状態に戻る。この現象から類推して、空間にゆがみが生じた場合、ゆがみのないユークリッド空間へと自然に戻るように感じてもおかしくない。

　だが、ユークリッド空間への"復元力"など、現実の宇宙には存在しない。ユークリッド近似でのフリードマン方程式が示すように、ユークリッド空間自体が不安定なのである。スケール因子はゼロか無限大へと変化し、特定の値で安定することがない。スケール因子 a が変化しないのは、エネルギーの総量 M と宇宙定数 Λ がともにゼロの場合に限られる★5。しかし、この2つがゼロになるユークリッド空間とは、時空の幾何学的な性質を表すアインシュタイン方程式の左辺と、エネルギー運動量テンソルという物理的な状態を表す右辺がともにゼロという、文字通り「何もない宇宙」である。そんな宇宙が「存在する」と言えるのかは、甚だ疑問である。

　宇宙空間は、スケール因子が有限の状態で安定することがない。無限小か無限大になるまで変化し続ける不安定な存在なのである★6。

★5 … (3.13) 式だけならば、a、M、Λ が特定の値を取ったときに $\dot{a}$ がゼロになる解が無数にあるが、これはアインシュタイン方程式の 00 成分だけを考えた場合であり、空間成分まで考慮すると、解が存在しないことがわかる。

★6 … もちろん、一般相対論が正しいという大前提があり、さらに、エネルギーが空間内部に広く分布することも必要である。大質量星が崩壊して全エネルギーが不可逆的に凝集する過程は不安定性の現れだが、その結果として物質の全エネルギーが1点に集中してできたブラックホールのシュヴァルツシルト解は、安定な解である。ただし、特異点という一般相対論が成り立たない領域が形成されている。

🌐 ユークリッド近似での解

　一般のケースでフリードマン方程式を解析的に解くことはできないが、ユークリッド近似に限れば、解を求めることが可能である。具体的な式の形は、章末の【数学的補遺3-3】を参照してもらうことにして、ここでは、グラフを使って定性的な振る舞いを見てみよう。

　重力項と宇宙項の寄与を比較するため、それぞれの係数の比をαと書く。

$$\alpha = \frac{\Lambda}{\kappa M}$$

宇宙定数Λが正にも負にもなるので、αも正負いずれの値も取るが、ゼロをはさんでαの値を変えていくと、スケール因子の時間変化を表す関数は、連続的（だが非解析的）に変化する。図3-6では、その一部をグラフで表した。

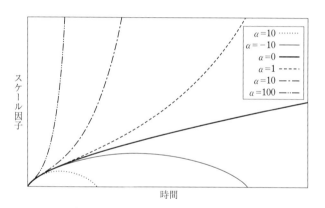

図 3-6　ユークリッド近似での解

　図3-6のグラフからわかるように、解の定性的な振る舞いは、α（したがって宇宙定数Λ）の値がゼロのときを境にして、大きく変わる。

　負の場合は、図3-4のケースに相当し、ゼロから始まったスケール因子がいったん増大して最大値に達した後、減少に転じて、有限の時間のうちにゼロに戻る。これは、負の宇宙項が、空間全域に重力と同じくaを小さくする万有引力の作用を及ぼす結果である。宇宙定数の絶対値が大きくなるほど、短期間でaがゼロになる。

　一方、（αあるいはΛが）ゼロ以上になると、aは永遠に増大し続ける。宇宙

項がゼロの場合、重力項の作用でaが増大する割合は、少しずつ小さくなる。しかし、図3-5のケースのように正の宇宙項があると、その反重力作用によって、aが増大する割合が初期に漸減した後、ある時点から再び増え始める。図3-6に示されるように、初期の段階ではグラフが上に凸だが、途中から下に凸へと変化し、aは加速度的に増えていく。これが、現代的宇宙論のハイライトとされる「宇宙の加速膨張」であり、その意味については、第4章と第6章で取り上げる。

🌐 球面状空間での解

　ここまでは、主にユークリッド近似の範囲で議論してきたが、空間が球面状であることを考慮に入れると、解の振る舞いはどのように変わるのだろうか。

　ユークリッド近似にする際に省かれたのは、(3.12)式で括弧でくくった左辺第2項なので、この項を含めた上で、これまでの議論を繰り返せばよい。すぐにわかるように、この修正は、(3.13)式における右辺のゼロを-1で置き換えることに相当する。先に、(3.13)式右辺を力学的エネルギーEと呼んだが、球面状空間の宇宙では$E = -1$となる。

　スケール因子aの定性的な振る舞いは、グラフから読み取ることができる。宇宙定数Λが負のときのグラフ（図3-4）で、$E = 0$を$E = -1$に置き換えても、「ゼロから増え始めたaが、最大値に達した後に減少に転じて、再びゼロになる」という振る舞いが変わることはない。しかし、Λが正の場合は、ユークリッド近似では見られなかった解が現れる。

　図3-5の$E = 0$を$E = -1$に置き換えたグラフを考えよう。重力項と宇宙項の和が、常に$E = -1$の下になって交点が存在しなければ、「aはゼロからどこまでも増大する」という解が得られる。しかし、図3-7に示したように交点が存在するならば、新しいタイプの解が現れる。

　"運動エネルギー"$\dot{a}^2$は常に正なので、aの解は、2つの交点の外側（左の交点の左側、右の交点の右側）に限られる。このうち、左側の解は、「ゼロから増大して最大値に達した後、減少してゼロに戻る」という、これまでにも存在したタイプである。しかし、右側の解は、これまでになかった振る舞いを示す。

　この解は、素朴に解釈すると、「スケール因子aが無限大から減少して最小値に達した後、増大して無限大に戻る」ものである。こうした変化が現実に起き

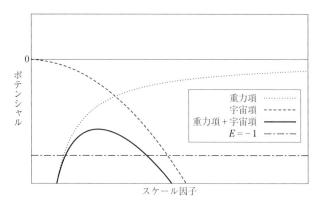

図 3-7 球面状空間

るとは考えにくいので、意味のない非現実的な解だと解釈するのがふつうである。しかし、この解を発見したフリードマン自身はそうは考えず、最小値となる瞬間に宇宙が創成され、そこから一方的に増大する解だと主張した。現在でも、同じような主張を展開する物理学者はいる。本書では、フリードマン流の解釈は採用しないが、宇宙創成との関わりを巡って、第4章§4-3で再び取り上げる。

🌐 もう一つの一様等方空間──鞍面状空間

　幾何学的性質やエネルギー分布が場所によらずに一定となる一様等方空間として、すぐに思いつくのが球面状空間とユークリッド空間だが、実は、もう一つの可能性がある。

　ガウスの曲面論に立ち返って、3次元ユークリッド空間内部の2次元曲面を考えよう。

　第2章でガウス曲率を考えた際、曲面の法線を含む平面と曲面の交線がどのように曲がっているかを問題とした。球面の場合、平面を法線の周りで回転させても、交線は同じ円周となる。しかし、これが至る所でガウス曲率が一定となる唯一の一様等方曲面ではない。曲率が最大値・最小値を取る2つの方向で、交線の湾曲の向きが反対になる曲面も可能である（湾曲が反対向きのときは、曲率の符号を逆にする）。3次元ユークリッド空間で見たとき、こうした曲面は鞍の表面のようになるので、仮に、鞍面状空間と呼ぶことにしよう（この呼び

方は、必ずしも一般的ではない)。

鞍面状空間のフリードマン方程式は、(3.12)式左辺の括弧にくくられた第2項が、球面状空間の場合とは符号だけが異なる形になる[7]。その結果として、(3.13)式の右辺（Eと表される）が、球面状空間の -1 ではなく $+1$ となる。解の定性的な振る舞いを示すグラフも、図3-4や図3-5で $E = 0$ の代わりに $E = +1$ と置いたものになる。$E = -1$ の球面状空間とは違って、ユークリッド近似で見られなかったタイプの交点が現れることはなく、スケール因子 a の定性的な振る舞いは、ユークリッド近似と同様になる。

鞍面状空間は、球面状空間と異なり、空間の体積が無限大になる。このため、球面状空間を「閉じた空間」、鞍面状空間を「開いた空間」と呼ぶこともある。ただし、宇宙空間全体が鞍面状だと考える物理学者は少ない。任意の曲線の一部分を円で近似することがあるが、これと同様に、球面状にせよ鞍面状にせよ、宇宙空間の一部を近似する際に用いる単純な幾何学的図形と考えるべきだろう（図3-8）。

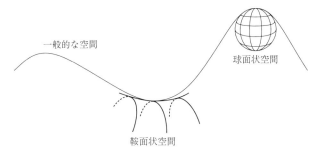

一般的な空間

球面状空間

鞍面状空間

図3-8　一般的な空間に接する一様等方空間

なお、相対論の教科書には、しばしば、宇宙定数 Λ がゼロのときの球面状空間、ユークリッド空間、鞍面状空間のスケール因子のグラフが描かれるが、現在の観測データによると、宇宙定数 Λ はゼロでない可能性が高いので、物理学的にあまり意味はない。ここでは、Λ がゼロで重力項だけがあるときのポテンシャルのグラフを示しておく（図3-9）。$E = +1$（鞍面状）と $E = 0$（ユー

---

[7] … 第2章【数学的補遺2-1】で紹介したロバートソン＝ウォーカー計量では、鞍面状空間は次式で表される。
$$ds^2 = a^2 \left\{ \frac{dr^2}{1+r^2} + r^2 \left(d\theta^2 + \sin^2\theta \, d\phi^2 \right) \right\}$$

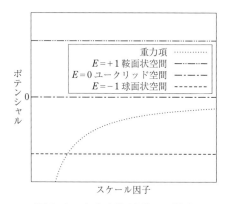

図 3-9　宇宙定数がゼロの場合

クリッド近似）のときは重力項のグラフとの交点がないので、aはゼロから始まってどこまでも増大し続ける。$E = -1$（球面状）のときは1つだけ交点があるので、ゼロ→最大値→ゼロという変化をする。

§3-3　動的宇宙の特徴

　一様等方空間の宇宙でアインシュタイン方程式を解くと、スケール因子aが時間とともに変化する動的な解が得られる。この解が物理的に何を意味するのか、改めて考えてみよう。

🌐 宇宙の大きさが変わる

　球面状宇宙の場合、aは仮想的4次元球の半径に等しく、宇宙空間の大きさを表す。このため、aの変化は直接的に宇宙の大きさが変わることを表す。計算結果を信じるならば、宇宙空間は大きくなったり小さくなったりする。ときには、大きさがゼロになって、消えてしまうこともある。

　それでは、ここで言う「大きさ」とは何を指すのだろうか？　球面状宇宙の半径は変化するが、それに伴って、原子半径や結晶の格子間隔なども変化すると、宇宙の半径だけではなくすべての大きさが一斉に変化することになるので、現

実には何も変わらない。何が変わって何が変わらないのか、あるいは、変わることの基準はどこにあるのか？

　話を具体的にするため、第1章§1-1の議論を思い返していただきたい。そこでは、地上階に設置された原子時計で標準時を決定し、展望台の原子時計が示す時間と標準時表示器の時間を比較することで、時間の伸縮と重力作用の関係を論じた。動的宇宙のケースでは、標準時の代わりに共動座標を利用する。

　§3-1で示したように、球面状空間における共動座標 x', y', z' とは、仮想的な4次元ユークリッド空間の直交座標を球面上に射影した座標 x, y, z を、$x = ax', y = ay', z = az'$ のようにスケール因子 a でリスケールしたものであり、その範囲は-1から$+1$に限られる。したがって、共動座標が同じ地点は、大きさが変化する球面に対して固定されていると見なせる。この性質があるので、地上階で定義した標準時と同じように、共動座標を「ある時刻で定義した標準座標」として扱うことができる。

　共動座標を使って、球面上の（すなわち、3次元空間における）長さを表すことにしよう。ただし、式が複雑になるのを防ぐため、x', y', z' がいずれもゼロ近傍にあるものとして、ユークリッド近似で表した(3.2)式（の空間部分）を使う。ここで、x'方向の長さの変化を見るために $dy' = dz' = 0$ と置くと、次式を得る。

$$ds = a\,|dx'|$$

　この式によれば、スケール因子 a が時間とともに大きくなる場合、標準座標となる共動座標で表された間隔（ここでは dx'）が同一でも、空間の長さ ds は、時間が後になるほど大きくなる。これは、(1.1)式に示した関係——すなわち、地上階で定義した標準時の間隔が同一でも、高度が高くなるほど（原子時計で計った）時間の長さが伸びるという関係——とよく似ている。

　以上の議論は、動的な宇宙における宇宙空間の大きさは、原子半径などの物質的な長さを基準として相対的に変化することを示唆する。地上階からすると、展望台では、原子時計が速く進むように見えるが、これは、原子時計の周期を基準として時間が伸びることに相当する。同じように、原子の大きさが一定だとした場合、過去から見た未来の宇宙空間は、スケール因子 a の変化と軌を一にして膨張したり収縮したりすることになる。

　「宇宙の大きさは、原子半径のような物質的な長さを基準として決められる」

という主張が唐突に現れ、奇妙に感じた読者もいるかもしれない。この点については、§1-3（特に、(1.20)式の周辺）で示した通り、一般相対論が構築される際に、時間の伸縮が議論の土台となっていたことを思い出していただきたい。

　現在、世界的な標準時である「協定世界時」は、原子時計によって決められている。原子時計を単なる道具として使うのではなく、時間の尺度そのものを、原子の振動に基づいて定義しているのである。アインシュタイン自身、前期量子論の枠内で、こうした振動現象を議論しており、時間の尺度が現象と無関係に決められる絶対的なものではなく、物理現象によってのみ決定されることを了解していたようだ。

　原子振動の周期と原子半径や結晶の格子間隔は、どちらも量子論という共通の理論基盤を持つ。したがって、時間の伸縮をベースに作った一般相対論が、自動的に、原子半径を基準とする宇宙空間の膨張・収縮を表す理論になっていることは、別に不思議ではない。

　そもそも、一般相対論の数学的基礎である幾何学には、長さの具体的な定義がない。計量場を導入するときも、長さとは何かをあえて問うことはしなかった。長さの定義が可能になるのは、原子半径や原子振動の周期を扱う物理学においてである。スケール因子aの変化が何を意味するか明らかにするには物理学的な解釈が必要であり、数式を眺めているだけでは、決して正しい理解には到達できない。

　球面状空間では、aは球面の大きさという幾何学的な意味を持っていた。一方、ユークリッド空間や鞍面状空間は、体積が無限大になるので、空間全体の大きさによってスケール因子を定義することができない。ただし、この場合でも、共動座標を用いれば、原子半径のような物質的な現象を基準として、宇宙の大きさの変化を論じることができる。そうした議論がが可能なことは、エネルギー流のない場合のエネルギー保存則(3.11)式からわかる。

　(3.11)式は、エネルギー密度が、スケール因子aの3乗に反比例して変化することを表す。この関係は、気体分子運動論と比較すれば、何を意味しているかわかるだろう。気体分子運動論では、容器に入れられた気体の密度が、容器の容積（すなわち気体の体積）に反比例して減少する。スケール因子aは、こうした容器の大きさを表す量だと見なされる。銀河が共動座標に対して静止しているような宇宙には、宇宙論的な規模のエネルギー流がない。こうした宇宙で

aが増大すると、それとともに、原子半径を基準としたときの銀河の間隔が長く伸び、銀河の密度が低下する。これは、物質に対して宇宙空間が膨張することを意味する。

宇宙が実際に膨張していることは、スライファーの報告で示唆されハッブルの発見によって観測事実として認められるに至るが、このことは、次の第4章で詳しく述べたい。

🌐 振動解はあるか

フリードマン方程式の解には、スケール因子aが、ゼロから増大して最大値に達した後に減少に転じ、ある時刻に再びゼロに戻るものがある。この解は、どのように解釈すべきだろうか？ 球面状宇宙では、aが宇宙空間全体の大きさを表すため、aがゼロになるのは、それまで存在していた宇宙が消滅することを意味するように見える。しかし、フリードマンは、有限時間のうちに宇宙が消滅するのは奇妙なことだと考えたらしく、aはいったんゼロになった後、すぐに増大し始めると主張した。これは、宇宙全体が膨張・収縮を繰り返す振動状態になることを意味する。

フリードマン以降にも、彼の主張に同意して、宇宙空間の大きさが最小値と最大値の間を振動すると考えた物理学者がいる。

ニュートン力学の場合、3次元ユークリッド空間内部に完全な球面の形をした質量分布があり、これらが互いに及ぼす重力で一斉に引き寄せ合うと、球面状のまま半径が減少し、最後は密度無限大の特異点となってしまう。だが、現実的な質量分布には、常に完全な球面からのズレがある。小さな粒子状の質点が分布している場合、重力を及ぼしながら近づいてきた2つの質点は近似的なケプラー運動を行い、最接近した後に双曲線軌道を描いて遠ざかっていく。現実の質点はすれ違ったり跳ね返ったりして、密度が無限大となるまで接近することはないと考えられる。

球面状宇宙の場合も、スケール因子aがゼロになり密度が無限大になるのは、完全な球面だと仮定したからであって、現実にはわずかなズレがあるため、宇宙が潰れて消滅することはない――そうした主張にも正当性が感じられる。

しかし、その後の研究によって、宇宙空間はaがゼロになるまで収縮し、最終的には密度無限大の特異点が形成されることが判明した。こうした現象が必

然的であることを示すのが、特異点定理である。

　特異点定理を理解するには、等価原理を用いるとわかりやすい。等価原理とは、加速度運動をしたときに生じる慣性力が、物理現象として重力と等価であることを主張するもので、一般相対論の基礎とされる。アインシュタインが一般相対論を構築する際には、等価原理を全面的に利用した。

　一定の加速度で運動するロケットを考えよう。このとき、ロケット内部では、加速度と逆向きに押しつけられるような慣性力が生じる。この慣性力の作用が、物理的に重力の作用と区別できないというのが、等価原理である。

　ニュートン力学では、一定の加速度で運動すると、どこまでも速度が増大するが、相対論の場合には、光速が自然界の最大速度なので、加速するロケットは次第に光速に近づく。これは、図3-10に示したように、ロケットの軌跡（時間座標に対する空間座標のグラフ）が特定の光の軌跡に漸近することを意味する。この図からわかるように、ロケットが漸近する光線よりも遠方の領域からは、光も物体もロケットまで届かない。この光線が、その先からはいかなる情報もやってこない「情報の地平線」となる。

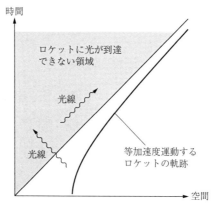

図 3-10　等加速度運動するロケット

　この同じ状況を、ロケット内部から見るとどうなるか？ ロケット内部では、加速運動に伴う慣性力が作用しており、物理的には、重力が作用しているのと変わらない。この重力は、ロケットから見ると、周辺の空間全域に働いている。

　重力が作用する向きの遠方に、その先からは光も物体もやって来ない地平線が存在する。地平線の彼方では、光も物体もロケットから遠ざかる向きにしか

動けない。

　天体が極端に小さくなるまで圧縮されると、これと同じ状況が実現される。天体の近傍では、どの方向から見ても、天体の周囲にある特定の面より内側になると、光も物体も中心向きにしか動けなくなる。中心向きにしか動けないので、集まってきた物体がすれ違ったり跳ね返ったりすることはできない。エネルギーの流れがすべて中心向きになるため、中心でのエネルギー密度は有限時間のうちに無限大となり、微分方程式が適用できない特異点となる。特異点定理は、このような特異点が必然的に生じることを数学的に証明した定理である。

　球面状の宇宙空間全体が小さくなる場合、数学的な議論は少し異なるが、物理的な結果は同じである。集まってくる物体がすれ違ったり跳ね返ったりして、膨張に転じることはあり得ない。フリードマンの主張に反して、球面状宇宙が周期的に振動することはなく、膨張と収縮が1回限りに制限された、寿命が有限な宇宙となる。

　ただし、こうした議論が成り立つためには、アインシュタインの一般相対論が正しいという大前提がある。スケール因子 a がきわめて小さくなったとき、おそらく量子効果が表面化して、アインシュタイン方程式が成り立たなくなるだろう。そのとき何が起きるか、現時点で想像するのは難しいが、収縮が反転して膨張に変わることがあり得ない訳ではない。

　実際、ループ量子重力理論と呼ばれる理論では、一般相対論に量子論を取り込んだ結果として、いったん宇宙空間の大きさが自然界の最小スケールまで収縮した後、膨張に転じることが可能とされる。ただし、ループ量子重力理論に対しては批判的な意見もあり、実際に膨張・収縮が繰り返されるかについては、否定的な見方が多いようだ。

🌐 宇宙の始まり

　フリードマンの論文は、おそらく、宇宙創成を科学的に論じた世界最初の文献だろう。方程式を信じるならば、球面状宇宙は、ある瞬間に大きさゼロの状態から始まったと考えられる。

　ただし、スケール因子 a がゼロになる瞬間は、エネルギー密度が無限大の状態となるため、「冷たい物質のみ存在し圧力はゼロ」と仮定することは不適切である。ゼロでない圧力項を導入し物質の状態まで考慮した議論は、第5章で

行う。

また、圧力項を含めたとしても、フリードマン方程式を使って宇宙の始まりにまで遡ることの妥当性には疑問がある。現在の宇宙空間が高度に一様等方的であることが観測によって確かめられているが、その理由は、フリードマン方程式だけでは説明できない。これらに関しては、インフレーション理論と結びつけて、第6章で議論する。

🌐 宇宙空間はなぜ膨張しているのか

宇宙空間は、現在、猛烈な勢いで膨張しつつある。そこで解決しなければならないのが、「なぜ膨張しているのか」という謎である。

この謎に対しては、2つの答え方がある。

- (1) ビッグバンという「最初の一撃」の効果で膨張している
- (2) 正の宇宙定数の効果でアインシュタイン方程式に従って膨張している

20世紀終わり頃までは、(1)の考え方が主流だったが、加速膨張が発見された1998年以降、(2)の観点が重視されるようになった。

図3-9に示したように、フリードマン方程式に現れるポテンシャルのうち、宇宙項がなく重力項だけ存在するならば、宇宙空間を収縮させようとする作用だけが働く。宇宙空間が膨張しているのは、最初に勢いよく膨張を始めたからであり、重力項の効果によって、膨張のスピードは必ず遅くなる。球面状空間（図3-9で $E = -1$ のケース）ならば、ある時刻を境に収縮に転じる。ユークリッド空間（$E = 0$）や鞍面状空間（$E = -1$）では、膨張速度は低下するものの、永遠に膨張が続く。

かつては、最初に勢いよく膨張を始めた瞬間が巨大な爆発を思わせたため、ビッグバンと命名された。しかし、現在の観測データによれば、ビッグバンの瞬間はきわめて一様性の高い整然とした状態だと判明しており、爆発のイメージとは食い違う。そもそも、なぜこんな出来事が起きたのかは、まったくわからない。

正の宇宙定数がある場合は、宇宙空間を膨張させようとする作用が存在するので、膨張することは自然である。ただし、この場合でも、（図3-6で時間の原点におけるグラフの傾きからわかるように）ビッグバンの瞬間には膨張しよう

とする勢いがなければならない。この勢いがどこから来たのかは謎である。

　一つの考え方として、ビッグバンは宇宙の始まりではなく、宇宙史における一つのエポックにすぎないというものがある。宇宙空間は、ビッグバン以前から、正の宇宙定数によって急激な膨張を続けていた。ところが、ある瞬間に、何らかの理由で蓄えられていたポテンシャルエネルギーが解放され（外部からエネルギーが注入された可能性もある）、空間にエネルギーが満ちあふれた。これがビッグバンの瞬間であり、顕在化したエネルギーの重力作用でいったん膨張速度が遅くなったものの、空間の膨張が続いてエネルギー密度が低下したため、宇宙項の効果が卓越して、再びビッグバン以前のような加速膨張に転じたことになる。

　この見方については、暗黒エネルギーに関連するトピックとして、第6章で再び触れる。

ユークリッド近似でのリッチテンソル

　球面状（あるいは鞍面状）宇宙のリッチテンソルを計算するのは少々厄介だが、ユークリッド近似ならば、手間は大幅に省ける。

　リッチテンソルは、計量場を座標で微分したり掛け合わせたりして作られる。ユークリッド近似の計量場とその逆は、(3.2)式と(3.4)式に示した。同じ式を、成分の形で書いておこう。

$$g_{00} = g^{00} = -1$$
$$g_{ii} = a^2, \quad g^{ii} = \frac{1}{a^2} \quad (i = 1, 2, 3)$$
$$g_{\mu\nu} = g^{\mu\nu} = 0 \quad (\mu \neq \nu)$$

これらの式において定数でないのは、時間 $t = x^0$ の関数であるスケール因子 a だけなので、計量場から作られる項を空間座標で微分すると、すべてゼロとなる。また、計量場の値が空間座標 x^j $(j = 1, 2, 3)$ を入れ替えても変化しないことは、リッチテンソルに対する制限となる。

　計量場からいきなりリッチテンソルを導くのは大変なため、いったんアフィン接続を使って式を整理する。アフィン接続は、リーマン幾何学で重要な役割

を果たす量だが、一般相対論では、次の定義を知っていれば充分である[8]。

$$\Gamma_{\mu\nu}^{\lambda} = \frac{1}{2} \sum_{\rho=0}^{3} g^{\lambda\rho} \left\{ \frac{\partial g_{\rho\nu}}{\partial x^{\mu}} + \frac{\partial g_{\mu\rho}}{\partial x^{\nu}} - \frac{\partial g_{\mu\nu}}{\partial x^{\rho}} \right\} = \Gamma_{\nu\mu}^{\lambda} \tag{3.15}$$

(3.15)式に計量場の式を代入すれば、Γのすべての成分が求められる。

$$\Gamma_{00}^{0} = \frac{1}{2} g^{00} \left\{ \frac{\partial g_{00}}{\partial x^{0}} + \frac{\partial g_{00}}{\partial x^{0}} - \frac{\partial g_{00}}{\partial x^{0}} \right\} = 0$$

$$\Gamma_{0i}^{0} = \frac{1}{2} g^{00} \left\{ \frac{\partial g_{0i}}{\partial x^{0}} + \frac{\partial g_{00}}{\partial x^{i}} - \frac{\partial g_{0i}}{\partial x^{0}} \right\} = 0 = \Gamma_{i0}^{0}$$

$$\Gamma_{ii}^{0} = \frac{1}{2} g^{00} \left\{ \frac{\partial g_{0i}}{\partial x^{i}} + \frac{\partial g_{i0}}{\partial x^{i}} - \frac{\partial g_{ii}}{\partial x^{0}} \right\} = a\dot{a}$$

$$\Gamma_{ij}^{0} = \frac{1}{2} g^{00} \left\{ \frac{\partial g_{0j}}{\partial x^{i}} + \frac{\partial g_{i0}}{\partial x^{j}} - \frac{\partial g_{ij}}{\partial x^{0}} \right\} = 0 \quad (i \neq j, \quad i, j = 1, 2, 3)$$

$$\Gamma_{00}^{i} = \frac{1}{2} g^{ii} \left\{ \frac{\partial g_{i0}}{\partial x^{0}} + \frac{\partial g_{0i}}{\partial x^{0}} - \frac{\partial g_{00}}{\partial x^{i}} \right\} = 0$$

$$\Gamma_{0i}^{i} = \frac{1}{2} g^{ii} \left\{ \frac{\partial g_{ii}}{\partial x^{0}} + \frac{\partial g_{0i}}{\partial x^{i}} - \frac{\partial g_{0i}}{\partial x^{i}} \right\} = \frac{\dot{a}}{a} = \Gamma_{i0}^{i}$$

$$\Gamma_{0j}^{i} = \frac{1}{2} g^{ii} \left\{ \frac{\partial g_{ij}}{\partial x^{0}} + \frac{\partial g_{0i}}{\partial x^{j}} - \frac{\partial g_{0j}}{\partial x^{i}} \right\} = 0 = \Gamma_{j0}^{i} \quad (i \neq j)$$

$$\Gamma_{jk}^{i} = \frac{1}{2} g^{ii} \left\{ \frac{\partial g_{ik}}{\partial x^{j}} + \frac{\partial g_{ji}}{\partial x^{k}} - \frac{\partial g_{jk}}{\partial x^{i}} \right\} = 0 \quad (i, j, k = 1, 2, 3)$$

リッチテンソルは、次式で与えられる（添え字の順番などには、研究者独自の流儀が使われることがある）。

$$R_{\mu\nu} = \sum_{\alpha,\beta=0}^{3} \left\{ \frac{\partial \Gamma_{\nu\alpha}^{\alpha}}{\partial x^{\mu}} - \frac{\partial \Gamma_{\mu\nu}^{\alpha}}{\partial x^{\alpha}} + \Gamma_{\mu\beta}^{\alpha} \Gamma_{\nu\alpha}^{\beta} - \Gamma_{\mu\nu}^{\alpha} \Gamma_{\alpha\beta}^{\beta} \right\} \quad (\mu, \nu = 0, 1, 2, 3)$$

非対角成分がゼロになることを確かめるのは読者に任せて、ここでは、対角成分だけを計算しよう。

$$R_{00} = \sum_{i=1}^{3} \left\{ \frac{\partial \Gamma_{0i}^{i}}{\partial x^{0}} + \left(\Gamma_{0i}^{i} \right)^{2} \right\} = 3 \left\{ \frac{d}{dt} \left(\frac{\dot{a}}{a} \right) + \left(\frac{\dot{a}}{a} \right)^{2} \right\} = \frac{3\ddot{a}}{a}$$

---

[8] … 数学では、大文字のΓは一般的なアフィン接続を指すのに使い、その中の特殊なタイプである(3.15)式はクリストッフェル括弧と呼ばれる別の記号を用いることが多いが、物理学者は、アフィン接続とクリストッフェル括弧の区別にあまりこだわらない。

$$R_{11} = \left\{ -\frac{\partial \Gamma^0_{11}}{\partial x^0} + \Gamma^1_{10}\Gamma^0_{11} + \Gamma^0_{11}\Gamma^1_{10} - \Gamma^0_{11}\sum_{i=0}^{3}\Gamma^i_{0i} \right\} = -a\ddot{a} - 2\dot{a}^2 = R_{22} = R_{33}$$

これで、（非対角成分を除いて）ユークリッド近似のリッチテンソル(3.3)式が導けた。

数学的補遺 3-2　エネルギー保存則

(3.8)式と(3.9)式を組み合わせると、一様等方な動的宇宙（球面状またはユークリッド近似）でのエネルギー保存則(3.10)が導かれる。

ページをめくる手間を省くために、もう一度ユークリッド近似の下での(3.8)式と(3.9)式（いずれも括弧でくくった項を省略したもの）を書いておこう。

$$-\frac{3\dot{a}^2}{a^2} + \Lambda = -\kappa\epsilon \tag{3.8}$$

$$\frac{6}{a^2}\left\{ a\ddot{a} + \dot{a}^2 \right\} - 4\Lambda = \kappa(\epsilon - 3p) \tag{3.9}$$

(3.8)式を時間 t で微分する。

$$-\frac{d}{dt}\left(\frac{3\dot{a}^2}{a^2}\right) = -\frac{6\dot{a}}{a^3}\left(a\ddot{a} - \dot{a}^2\right) = -\kappa\dot{\epsilon} \tag{3.16}$$

次に、(3.8)式と(3.9)式の和をとって整理する。

$$2a\ddot{a} = -\dot{a}^2 + a^2\Lambda - \kappa a^2 p$$

これと(3.16)式を使って $\ddot{a}$ の項を消去すると、次式を得る。

$$\frac{3\dot{a}}{a}\left(-\frac{3\dot{a}^2}{a^2} + \Lambda - \kappa p\right) = \kappa\dot{\epsilon}$$

再び(3.8)式を使って括弧内を書き直し、全体を κ で割れば、エネルギー保存則を表す(3.10)式を得る。

以上はユークリッド近似の計算だが、球面状宇宙の解を用いても、同じようにして求められる。

数学的補遺 3-3 ユークリッド近似での解

圧力pがゼロの場合、フリードマン方程式(3.12)はユークリッド近似の下で解析的に解くことができる。

(3.12)式（括弧でくくった項を落としたもの）を次のように書き換えよう。

$$a\dot{a}^2 = \frac{\kappa M}{3}\left(1 + \frac{\Lambda}{\kappa M}a^3\right)$$

スケール因子aの代わりに、変数$b = a^{\frac{3}{2}}$を使うと、比較的簡単な次の微分方程式が得られる。

$$\dot{b}^2 = \frac{9}{4}a\dot{a}^2 = \frac{3\kappa M}{4}\left(1 + \frac{\Lambda}{\kappa M}b^2\right)$$

宇宙定数Λがゼロならば、微分方程式は直ちに解ける。

$$b = t\sqrt{\frac{3\kappa M}{4}} \Rightarrow a = \left(t\sqrt{\frac{3\kappa M}{4}}\right)^{\frac{2}{3}}$$

Λがゼロでない場合は、変数bを新たな変数ηによって置き換える。ただし、

$$\eta = \sqrt{\frac{|\Lambda|}{\kappa M}}b$$

微分方程式を書き換えることにより、解くべき式として、次の積分方程式が得られる。

$$\int \frac{d\eta}{\sqrt{1 \pm \eta^2}} = \sqrt{\frac{3|\Lambda|}{4}}t$$

Λが負ならば、η^2の前の符号はマイナスとなり、$\eta = \sin\theta$と置くことで、左辺は、

$$\int \frac{d\eta}{\sqrt{1 - \eta^2}} = \int \frac{\cos\theta}{\cos\theta}d\theta = \theta$$

と計算される。したがって、逆三角関数を使えば、ηと時間tの関係式が求められ、元の変数に戻すことで、スケール因子aの時間依存性が次のように得られる。

$$a = \left\{ \sqrt{\frac{\kappa M}{|\Lambda|}} \sin\left(\sqrt{\frac{3\,|\Lambda|}{4}}\,t \right) \right\}^{\frac{2}{3}}$$

Λが正のときは、双曲線関数を使ってスケール因子を表すことができる。

$$a = \left\{ \sqrt{\frac{\kappa M}{\Lambda}} \sinh\left(\sqrt{\frac{3\Lambda}{4}}\,t \right) \right\}^{\frac{2}{3}}$$

科 学 史 の 窓
フリードマン論文の受容

　フリードマンは、アインシュタインが球面状空間の宇宙モデルを提唱した5年後の1922年に、球面状空間の大きさが時間とともに変化することを導いた論文「空間の曲率について」を発表した。しかし、学界でこの業績が正当に評価されることはなく、鞍面状空間を論じた1924年の論文も評判にならないまま、フリードマンは1925年に37歳の若さで病没する。

　これだけ画期的な研究が長らく日の目を見なかった理由の一つは、1922年の時点では、まだ一般相対論の研究者が数少なかったせいでもある。1919年に太陽の重力が背後の星からの光を曲げるという一般相対論の予測が肯定的に検証されたものの、理論の内容が数学的にあまりに難しいこともあって、本腰を入れた研究に着手した物理学者や天文学者は少ない。光の屈曲の観測を主導したイギリスのアーサー・エディントンと、1917年にアインシュタインのものとは異なる宇宙モデルを提唱したオランダのウィレム・ド・ジッターら、数えるほどしかいなかった。1914年にシュヴァルツシルト解を見出したドイツのシュヴァルツシルトは、1916年に42歳で戦病死していた。

　おそらく、フリードマンの研究が黙殺された最大の理由は、アインシュタインが、その結論を誤りだと主張したせいだろう。一般相対論を理解できないふつうの物理学者・天文学者からすると、提唱者自身による批判は、決定的なもののように思えたはずである。

　アインシュタインの主張は、フリードマンの論文が発表されたのと同じ学術誌に、コメントとして掲載された[9]。

　最初のコメントは、「（宇宙が定常的でないとする結論は）私には疑わしく思える」という厳しい内容。フリードマンが導いた解が、アインシュタイン方程式と整合的でないと主張した。

　ところが、この主張は、初歩的な計算ミスに起因するものだった。アインシュタインは、エネルギー保存則として、(3.11)式ではなく、$\dot{\epsilon} = 0$という式を誤って導いていた。この式は、エネルギー流のない空間でエネルギー密度が一定であることを意味するので、空間の大きさは変わらないことになる。

　この件に関しては、フリードマンから計算過程を記した手紙が送られ、また、個人的に進言した者がいたことから、アインシュタインも自分の誤りに気がついた。翌年、「フリードマン氏の結論は正しく明瞭である」という第2のコメントを発表する。しかし、最初の否定的コメントが尾を引いたのか、フリードマンの業績に目が向けられることはなかった。

　その後、1927年にルメートルが宇宙論に関する最初の論文を発表し、それを裏付ける確実なデータを1929年にハッブルが報告してから、ようやく動的宇宙を認める流れが生まれることになる。

★9 … フリードマンの論文は、ツァイトシュリフト・フュア・フィジーク第10号（1922）に発表された。フリードマン論文に対するアインシュタインの最初のコメントは同じ年の第11号に、2番目のコメントは翌年の第16号に掲載。ちなみに、この雑誌は、1920年にアインシュタインらをメンバーとする出版委員会が創刊を決めたドイツ物理学会の学術誌である。

CHAPTER 4

膨張宇宙の検証

　フリードマンの業績は、アインシュタインが批判的なコメントを寄せたこともあって学界から黙殺された。だが、カトリック司祭にして物理学者だったジョルジュ・ルメートルが1927年に発表した膨張宇宙論の論文は、ベルギーのマイナーな雑誌に掲載されたにもかかわらず、イギリス天文学界の重鎮アーサー・エディントンの目に留まり、彼の勧めもあって英訳されたおかげで、多くの人に読まれることになった。「宇宙空間は風船のように膨張している」というエディントンが描いた具体的なイメージは、大きな宣伝効果があった。

　もっとも、膨張宇宙に関してルメートルが行った力学的な議論は、大部分がすでにフリードマンによって研究されたものだった。1927年の論文ではフリードマンに言及されておらず、その業績自体を知らなかったと推測される★1。力学的な内容でフリードマンと異なるのは、圧力の影響を部分的に考慮したことだが、宇宙全体の動的な解を求める際には、影響が小さいとして無視されている。ただし、単なる式の変形にとどまらない記述に、現代的宇宙論につながる興味深い主張が含まれており、これが、ルメートル論文の大きな特徴となっている。

　ルメートルの議論における第一の特徴は、アインシュタインの静止宇宙を宇宙の始まりと見なしたことである。静止宇宙は不安定平衡の状態にあり、ひとたび均衡が破れてスケール因子が釣り合いの状態より大きくなると、どこまでも膨張し続ける。この均衡が破れる過程を、宇宙の始まりと考えたのである。宇宙が有限の大きさを持つ状態から始まったという見方は、大きさゼロの宇宙が忽然と誕生すると考えるよりも受け容れやすいのか、フリードマンも、ルメートルより早く、宇宙が有限な大きさから始まる可能性を考察していた。

★1 … ルメートル自身が翻訳した英語版（1931）では、末尾の参考文献リストに、1922年のフリードマン論文とアインシュタインのコメントが引用されている。ルメートル論文のオリジナル版と英語版の差違については、章末の【科学史の窓】でも触れる。

　もう一つの特徴として、宇宙論的赤方偏移の式を導き、系外銀河（天の川銀河の外にある銀河）の視線速度に関する観測データと比較を行ったことが挙げられる。ルメートルは、このデータに基づいて、始まりの時点における宇宙の大きさを9億光年程度と見積もった。数値自体にあまり意味はないものの、有限の大きさで宇宙が始まるというアイデアに対するこだわりが窺える。

　本章では、現在に至る研究史も含めて、まず後者の特徴から見ていきたい。

§4-1 　宇宙論的赤方偏移と ハッブル＝ルメートルの法則

　フリードマンが膨張宇宙論を提唱した当時、その学説を検証するのに使えるデータは（第2章で紹介したスライファーの先駆的な報告以外は）ほとんどなかった。しかし、ルメートル論文には、天文学的なデータによって理論の正当性を確認する手法が指摘されている。この手法を1929年にハッブルが発表したデータに当てはめると、膨張宇宙論の予想が実証されることになり、現実的な理論として説得力が大幅に増す。

　ルメートルの議論は、アインシュタイン方程式に基づいて、一様等方の球面状空間の振る舞いを解析したものだが、本書では、簡単な計算によって物理的な意味を把握できるように、ユークリッド近似で議論したい[★2]。

🌐 宇宙論的赤方偏移

　ユークリッド近似が使える宇宙空間の場合、時空の長さ ds は、共動座標と宇宙標準時（空間を共動座標で表したとき $g_{00} = -1$ で定義される時間）を用いると、(3.2)式（あるいは、第3章【数学的補遺3-1】の最初に記した式）で表される。

★2 … ユークリッド近似を使わない場合は、第2章【数学的補遺2-1】で紹介したロバートソン＝ウォーカー計量を用いる。具体的には、以下の積分で、dr の部分を、$\dfrac{dr}{\sqrt{1 \pm r^2}}$ で置き換えればよい。複号のマイナスは球面状空間、プラスは鞍面状空間に対応する。

ところが、真空中の光は、光速不変性によって、常に時空の長さdsがゼロになるような軌道を進む。したがって、ある光線（ここでは光の軌跡を光線と呼ぶ）の上に位置する近接した2点を考えるならば、$ds = 0$という条件から、時間と空間の物理的な間隔は、時間間隔が1秒ならば空間間隔は1光秒（30万キロメートル）というように、等しくなる。ただし、物理的間隔とは、これまで述べてきたように、その場所に置かれた原子時計や単結晶の物差しなどを使って測定できる長さで、空間の物理的間隔は、座標間隔にスケール因子$a(t)$を乗じた値となる。宇宙空間を伝播する光の場合、その上の2点に関して、共動座標で表した空間座標の微小な間隔がdr、スケール因子が$a(t)$のとき、宇宙標準時による時間間隔dtは

$$dt = a(t)\,dr \tag{4.1}$$

となる★3。

天文学的な観測データによれば、宇宙空間はビッグバン以降、膨張し続けているので、以後の説明では、空間が（収縮ではなく）膨張するものとして話を進める。

宇宙空間の膨張率（単位時間にスケール因子が変化する割合）を測定する方法としてルメートルが提案したのが、系外銀河から放出される光の赤方偏移を調べるというものである。

光は電磁場の振動であり、その周期（＝1/振動数＝波長/光速）は、光を放出する原子の状態に応じて決まる。例えば、トンネル内でよく使われるナトリウムランプはオレンジ色に輝くが、これは、熱せられて高エネルギー状態になったナトリウム原子内部の電子が低エネルギー状態に戻る際に、周期1.96×10^{-15}［秒］（波長589ナノメートル）というオレンジ色の光を発するからである。

天体が発する光には、原子物理の法則によって定まった周期を持つ線スペクトルが含まれる。こうした光が、膨張する空間に対して静止した（すなわち共動座標で表したとき常に同じ位置に留まっている）天体から発せられ、膨張しつつある宇宙空間を伝わった後、同じように静止した観測者に到達する場合を

★3 … 本書では、時間と空間を（秒と光秒のような）実質的に同じ単位で表している。同じ単位を用いず、時間を［秒］、空間を［メートル］で表すならば、秒とメートルを換算する係数cを付けて、$cdt = adr$となる。

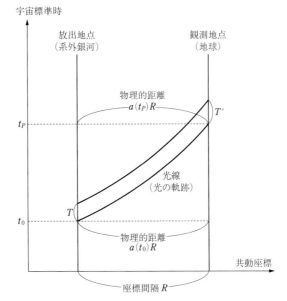

図 4-1　共動座標での光の軌跡

考えよう★4。話を簡単にするため、光線の進む方向に空間座標rを取り、放出地点の座標は$r = 0$、観測地点の座標は$r = R$と書く（図4-1）。

　観測する光の周期が、原子物理の法則によってTに定まっているとする。放出地点となる天体表面において、宇宙標準時t_0に振動の山（変位が最大になる部分）が発せられたとすると、次に山が発射される時刻は、$t_0 + T$である。

　この光が観測地点まで伝播する。最初の山が到達する時刻をt_P、次の山の到達時刻を$t_P + T'$だとしよう。T'は、観測される光の周期になる。t_Pとしては、地球上で人間が観測する時刻を想定しており、ビッグバンから138億年が経過した現在と考えてよい（Pは "present" を表す）。

　光線に沿った時間および空間の微小な座標間隔をdtおよびdrと書くと、放出地点と観測地点の座標間隔R（共動座標の間隔であって、原子半径などを基に定義される物理的な距離とは異なる）は、光線に沿って空間座標の微小間隔drを加え合わせたものに等しい。

★4 … 第1章で述べたように天体の近傍では時間の伸縮が起きているが、中性子星のような巨大な質量がない限り、周期の変化は観測できないほど小さい。

$$R = \int_0^R dr \tag{4.2}$$

dt と dr は、光線上の2点の間隔なので、関係式 (4.1)（$dt = a(t)\,dr$）を満たす。さらに、「放出地点と観測地点が膨張する空間に対して静止している」という前提があるため、共動座標の座標間隔 R は、どの時刻でも変わらない。したがって、次の等式が成立する。

$$R = \int_{t_0}^{t_P} \frac{dt}{a(t)} = \int_{t_0+T}^{t_P+T'} \frac{dt}{a(t)} \tag{4.3}$$

系外銀河からの光ならば、光の振動周期 T と T' は、光が伝わる時間 $t_P - t_0$ に比べてきわめて小さいので、次の近似が成り立つ（誤差は宇宙論的なスケールでは完全に無視できるので、等式で表した）。

$$\int_{t_0+T}^{t_P+T'} \frac{dt}{a(t)} = \int_{t_0}^{t_P} \frac{dt}{a(t)} + \frac{T'}{a(t_P)} - \frac{T}{a(t_0)} \tag{4.4}$$

(4.3) 式と (4.4) 式を組み合わせれば、放出地点と観測地点では、光の周期の比がスケール因子の比に等しくなることが示される[★5]。

$$\frac{T'}{T} = \frac{a(t_P)}{a(t_0)} \tag{4.5}$$

空間が膨張するときには、時間が後になるほどスケール因子が大きいので、

$$a(t_P) > a(t_0)$$

という不等式が成り立つ。このため、系外銀河からの光をキャッチした場合、観測される周期は、原子から放出されるときよりも長い。この変化に伴って、振動数は（周期とは逆の割合で）小さくなり、波長は（周期と同じ割合で）長く伸びる。可視領域では波長が短い側が青〜紫、長い側が橙〜赤に見えるので、波長が伸びる光の変化は「赤方偏移」、宇宙空間が膨張していることに起因する赤方偏移は、「宇宙論的赤方偏移」と呼ばれる。

特定の線スペクトルに注目しよう。放出地点での周期（または波長）は、原子物理の法則で与えられる定数であり、この定数に対して偏移した観測値が、

★5 … 脚注★2の指示に従って (4.1) 式と (4.2) 式の dr をロバートソン゠ウォーカー計量で書き換えても、本節（§4-1）に記されるこれ以降の式は変わらない。したがって、本節での議論は、ユークリッド近似に限らず、球面状ないし鞍面状空間でも成り立つ。

空間の膨張を表す指標となる。理論的な周期（または波長）に対する観測値の比は、慣習的に $1 + z$ と表される。放出地点での周期を T、観測地点での周期を T' と表すと、(4.5)式より、z は次式で与えられる。

$$1 + z = \frac{T'}{T} = \frac{a(t_P)}{a(t_0)} \tag{4.6}$$

(4.6)式が示すように、z は周期（あるいは波長）が伸びた分の割合を表す。z が正ならば周期や波長が伸びる赤方偏移となり、z が負の場合は、逆の青方偏移となる。宇宙論では、しばしば「赤方偏移」という語で z の値を表す。

🌐 ハッブル＝ルメートルの法則

差し渡し10万光年の天の川銀河よりは充分に大きいが、何十億光年といった宇宙論的なスケールよりは小さい範囲にある"比較的近傍の"系外銀河について考えることにしよう。例えば、2019年に史上初めて撮像されたブラックホールを中心部に持つ楕円銀河M87は、太陽系から5500万光年の彼方にあり、周辺の銀河とともにおとめ座銀河団に含まれる、比較的近い系外銀河と言える。

こうした範囲にある銀河から飛来する光の場合、放出時刻 t_0 と到達時刻 t_P の差は宇宙論的なスケールよりかなり小さいので、その間におけるスケール因子の変化はあまり大きくない。そこで、(4.6)式に現れるスケール因子の比を、現在の時刻 t_P を基準として、時間差の1次まで展開しよう。

$$\frac{a(t_P)}{a(t_0)} = \frac{a(t_P)}{a(t_P) + (t_0 - t_P)\dot{a}(t_P) + \cdots} \approx 1 + \frac{\dot{a}(t_P)}{a(t_P)}(t_P - t_0) \tag{4.7}$$

a の上のドットは、宇宙標準時 t による微分を表す。

(4.7)式右辺第2項の展開係数は、現在の時刻 t_P におけるスケール因子の増加率（宇宙空間の膨張率と見なしてよい）を表しており、ハッブル定数 H と呼ばれる。

$$H \equiv \frac{\dot{a}(t_P)}{a(t_P)} \tag{4.8}$$

現在に限定せず任意の時刻に拡張したスケール因子の増加率は、ハッブル・パラメータ $H(t)$ という時間の関数となる。

$$H(t) = \frac{\dot{a}(t)}{a(t)} \tag{4.9}$$

　当然のことながら、(4.7)式の近似が成り立つのは、光の放出時刻と到達時刻の差が宇宙の年齢に比べて充分に小さい場合に限られる。(4.7)式が良い近似になるような比較的近傍の銀河ならば、光が放出されてから観測地点に到達するまでのスケール因子の変化は、充分に小さい。このため、時間差 $t_P - t_0$ は、この間の任意の時点における放出地点と観測地点の空間的距離 d に近似的に等しい（本書では、時間と空間を同じ単位で表している）。ただし、d は共動座標の座標間隔にスケール因子を乗じた物理的な長さである。線スペクトルの周期や波長の伸びを表す赤方偏移 z を使うと、

$$z = Hd \tag{4.10}$$

という簡単な関係式が得られる。これが、「ハッブル＝ルメートルの法則」である（法則名に関しては、章末の【科学史の窓】参照）。

　1920年代に得られた観測データが、この法則と一致したことから、宇宙空間は一般相対論に従って膨張しているという見方が有力になった。

　参考までに、赤方偏移と時間差について、ハッブル＝ルメートルの法則とフリードマン方程式から導かれる関係を比較してみよう。

　現在の時刻を基準として、光が放出された時刻までの時間を Δt（$\equiv t_P - t_0$）とし、これに(4.8)式のハッブル定数 H を乗じた値 $H\Delta t$ で、放出時刻を表すことにする。ハッブル定数は時間の逆数の単位を持つので、$H\Delta t$ はハッブル単位の時間と言える。ハッブル＝ルメートルの法則は、(4.10)式に示されるように、この時間が赤方偏移 z に等しいことを意味する。

$$H\Delta t = z$$

　一方、フリードマン方程式をきちんと解くと、この法則からのずれが導ける。ここでは、ユークリッド近似で宇宙定数がゼロという簡単なケースに限ることにする。このケースならば、フリードマン方程式は簡単に積分することができ、次式を得る[6]。

$$H\Delta t = \frac{2}{3}\left\{1 - (1+z)^{-\frac{3}{2}}\right\}$$

---

[6] … この式は、§4-2の(4.19)式で、$\Omega_\Lambda = 0$、$\Omega_M = 1$ と置けば導ける。宇宙定数がゼロと異なる場合は、章末の【数学的補遺4-1】で示した式（逆双曲線関数を含むもの）を使って表すことができる。

　この2つの式をグラフに描いたのが、図4-2である。ハッブル＝ルメートルの法則は、赤方偏移 z が0.05あたりから、フリードマン方程式を解いた結果と食い違うことがわかるだろう（ただし、図4-2は宇宙定数がゼロの場合であり、一般的なケースではない）。

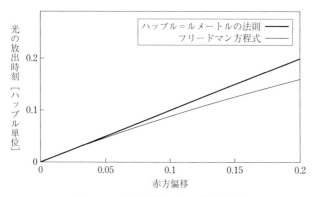

図 4-2　赤方偏移と光の放出時刻

🌐 後退速度を用いた法則の表し方

　ハッブル＝ルメートルの法則の別の表し方も紹介しておこう。

　仮に、周期や波長の伸びが、時空の伸縮がない場合のドップラー効果と同じものだと仮定し、観測者から見た視線方向での銀河が遠ざかる速度（後退速度）を v としたときの公式を当てはめてみる。光のドップラー効果は、音の場合と異なって、波源・観測者それぞれの運動速度ではなく、一方から見たときの他方の相対速度だけが問題となる。系外銀河で放出されたときの周期 T と、太陽系で観測される観測される周期 T' の比は、ドップラー効果の公式によって次のように表される（公式の導き方は省略）。

$$\frac{T'}{T} = \sqrt{\frac{1+v}{1-v}} \approx 1 + v \tag{4.11}$$

　v は時間と空間を同じ単位で表したときの無次元の（単位のない）速度である。時間と空間を[秒]と[メートル]で表したときには、単位の換算係数をつけて v/c となる。v は1より充分に小さいと見なし、展開して1次までの近似と

した。

　ドップラー効果の公式(4.11)と(4.6)式を組み合わせると、銀河の後退速度がvのときの周期・波長の伸びの割合zはvに等しいことがわかる。(4.10)式と比較して、

$$v = Hd \tag{4.12}$$

を得る。ルメートルの論文には、（光速cを付けた形で）(4.12)式が記されていた。

　(4.12)式の意味は、ユークリッド近似の下で描いた図4-3を見れば明らかだろう。

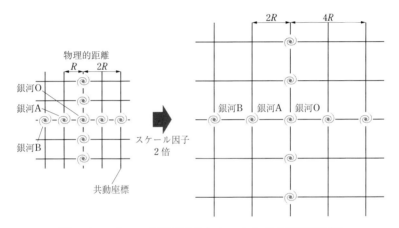

図4-3　スケール因子が2倍になったときの銀河間距離

　共動座標で等間隔に並んだ銀河O, A, Bを考え、宇宙標準時で最初の時刻から一定時間が経過してスケール因子が2倍になったとする。銀河Oから見て、最初の時刻でのAまでの物理的な距離をR、Bまでの距離を$2R$とすると、スケール因子が2倍になったとき、それぞれの距離は$2R$と$4R$になっている。したがって、Oから見ると、同じ時間が経過する間に、BはAの2倍の距離だけ遠ざかったことになり、見かけ上の後退速度が2倍となる。このシンプルな関係が、系外銀河までの距離と後退速度が比例するという(4.12)式の意味するところである。

🌐 光の消耗説

　これまでは、宇宙空間の膨張と赤方偏移を結びつけて説明したが、それ以外に、ハッブル゠ルメートルの法則を導く理論は存在しないのだろうか？

　この法則の証拠とされるデータは、1929年にハッブルが発表したもので、系外銀河のスペクトルが示す赤方偏移（(4.10)式の z）が、太陽系からの距離にほぼ比例することを示した（ただし、誤差がかなり大きいため、「比例する」と言い切るのは難しい）。

　興味深いことに、ハッブル自身は、系外銀河が現実に遠ざかっているのではないと考え、ドップラー効果の式（(4.11)式）に当てはめて求めた後退速度も、あくまで「見かけの速度」として扱った。遠方の銀河からの光が赤方偏移を示す理由として、「遠くなるほど時間の進み方が遅くなる」という一般相対論的な効果（現在の解釈では「遠方の観測者には遅くなるように見える」となる）とともにハッブルが掲げたのが、「光の消耗」という考え方である。

　アインシュタインの光量子論によれば、（第1章でも紹介したように）振動数 ν の光は $E = h\nu$ という大きさのエネルギー量子の集まりのように振る舞う。したがって、遠方から飛来する光子（光の素粒子）が、飛んできた距離に比例する量のエネルギーを失うとすると、距離に比例する割合で振動数が減少し、周期や波長が増大する。

　光量子論は、1905年に提唱されてから10年ほどは誤った理論として無視されたが、1910年代後半から実験的な証拠が集まり、1921年にアインシュタインがノーベル賞を手にする際の受賞理由となった。1926年には、光が電子に散乱されてエネルギーを失うときの振動数の変化（コンプトン効果）が、光量子論の予想通りになることが判明し、理論の確かさは疑い得ないものとなった。

　それでは、宇宙空間で光がエネルギーを消耗したことによって赤方偏移が起きたとは言えないのか。残念ながら、このアイデアは、観測データによって否定された。こうした観測データはいくつもあるが、ここでは、比較的簡単に説明できる例として、天体までの距離に注目したい。

　天文学者は、天体までの距離として、角径距離と光度距離の2つを併用してきた（図4-4）。

　角径距離 d_A は、天体から遠ざかったときに、見かけの大きさが $1/d_A$ で変化

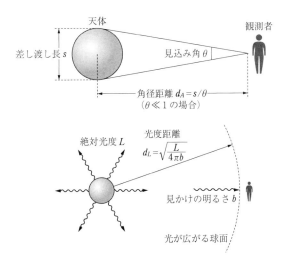

図 4-4　角径距離と光度距離

するような距離として定義される。静的な（すなわち、空間の膨張・収縮がない）ユークリッド空間ならば、天体の実際の差し渡し長を見込み角で割った値に等しい。

　一方、光度距離 d_L は、見かけの明るさが $1/d_L^2$ で変化する距離である。天体から放出される電磁波のエネルギーは、一般に天体を中心とする球面状に拡がるので、静的なユークリッド空間の場合、見かけの明るさ b（観測地点における単位時間・単位面積あたりの放射エネルギー）は、絶対光度 L（単位時間に放出される全放射エネルギー）を球面の面積（半径を d とすると $4\pi d^2$）で割った値になる。光度距離は、この球面の半径と等しいので、次式で与えられる。

$$d_L = \sqrt{\frac{L}{4\pi b}} \tag{4.13}$$

　静的なユークリッド空間の場合、光度距離と角径距離はいずれも幾何学的な長さであり、$d_L = d_A$ となる。しかし、スケール因子が時間とともに変化する動的な空間の場合は、少しやっかいである。

　共動座標を使ったとき、光の放出地点と観測地点の座標間隔が R だとしよう。ユークリッド近似の場合、観測された時刻 t_P における放出地点と観測地点の間の物理的な距離は、この時刻でのスケール因子 $a(t_P)$ を使って、$a(t_P)R$ となる。放出された光は球面に均等に広がるが、この球面の半径は、放出時

点 t_0 ではなく観測時点 t_P の物理的な距離である。したがって、球面の面積は $4\pi \{a(t_P) R\}^2$ となり、見かけの明るさは、この面積に反比例して減少する。

これに加えて、空間が膨張することによる明るさの変化がある。(4.6)式に従って時間が伸びるためエネルギー密度が"薄められる"効果、宇宙論的赤方偏移によって光量子のエネルギーが小さくなる効果が、それぞれ単位時間あたりの放射エネルギーを $1/(1 + z)$（ z は赤方偏移）に減少させる。その結果、見かけの明るさは $1/(1 + z)^2$ に変化する。これらを総合すると、天体が単位時間に放出する全放射エネルギーが L のとき、観測地点での見かけの明るさ b は、

$$b = \frac{L}{4\pi \{a(t_P) R (1 + z)\}^2} \tag{4.14}$$

で与えられる。この結果、(4.13)式で定義される光度距離には、現時点における物理的な距離 $a(t_P) R$ に相対論的な補正係数 $1 + z$ が付く。

$$d_L = a(t_P) R (1 + z) \tag{4.15}$$

一方、角径距離 d_A を定義する幾何学的な関係式は、光が放出された時点 t_0 でのものであり、 $d_A = a(t_0) R$ となる。したがって、現時点 t_P でのスケール因子 $a(t_P)$ で表すためには、(4.6)式を使って書き直さなければならない。

$$d_A = a(t_0) R = a(t_P) R/(1 + z) \tag{4.16}$$

以上をまとめると、空間が膨張している場合、光度距離 d_L と角径距離 d_A の関係は、静的なユークリッド空間のときの $d_L = d_A$ ではなく、

$$d_L = d_A (1 + z)^2 \tag{4.17}$$

となる。

係数の $(1 + z)^2$ は、光量子論に基づく光の消耗とは無関係なので、この係数の有無によって、赤方偏移が空間膨張と光の消耗のいずれの効果か判定できる。遠方の銀河の場合、実際の差し渡し長や絶対光度を直接測定することはできないが、多数の銀河について見かけの大きさと見かけの明るさの統計的な分布を取ることにより、(4.17)式における $(1 + z)^2$ の有無は調べられる。こうしたデータ解析を通じて、光の消耗説は反駁された。

§4-2 観測データによる検証

　ここまでの議論は、一般相対論に基づく理論的な話が中心で、現実の宇宙に当てはまるかどうかを明確にしなかった。相対論的宇宙論を検証するための天文学的な観測は、1920年代から盛んに行われており、その結果、理論は概ね妥当であることが示されている。

🌐 宇宙原理の妥当性

　アインシュタインは、観測データには目をつぶって宇宙原理（宇宙空間の一様等方性）を提唱した。当時は、銀河系（天の川銀河）が宇宙空間で唯一の天体集団だという見方が強く、一様性を前提とする議論には根拠らしい根拠がなかった。こうした状況が変化するのは、ハッブルらアメリカの天文学者によって数百万光年以遠の深宇宙の探索が進められるようになってからである。天の川銀河以外にも多数の天体集団が存在しており、その分布がかなり一様であることから、宇宙原理を前提とするフリードマンやルメートルらの膨張宇宙論が学界で受け容れられるようになる。

　天の川銀河を中心とする銀河の3次元マップは、現在に至るまで、さまざまなサーベイを通じて精密化されてきた。それによると、銀河はシート状の領域に集中しており、シートが交差するフィラメント領域では、より密度が高くなる。逆に、シートに囲まれた範囲では銀河の密度は低下し、ほとんど銀河が存在しない領域もある。このマップだけ見ると、一様性はそれほど厳密でないと感じられるかもしれない。

　しかし、こうした密度のばらつきは、銀河同士が重力によって引き寄せ合った結果として生じたものと解釈される。重力は万有引力なので、密度が周囲よりもわずかに高い領域があると、そこに向かって他の銀河が集まり、密度がさらに高い領域となる。宇宙初期にごくわずかだった密度ゆらぎが成長する過程は、一般相対論に基づいたコンピュータ・シミュレーションによって調べられ、現在の分布が理論と整合的であることが確認されている（理論だけで現在の分布が導かれた訳ではない）。

　宇宙の初期にエネルギー分布の一様性が高かったことは、宇宙背景放射の観

測によって明らかにされる。

　宇宙の初期は、きわめて高温だったことが知られている。ビッグバンから1万年経った時点でも、数万度に達していた。これだけの高温になると、原子のような安定した結合状態が形成されることはなく、陽子や電子などの素粒子がばらばらのプラズマ状態となって飛び回っていた。こうした高温のプラズマ状態は、恒星の表面と同じく光を放射してギラギラと輝いていたが、荷電粒子である陽子や電子が散乱するため、放射光が長い距離を進むことはなかった。ところが、空間の膨張によって温度が低下すると、ある段階で陽子と電子が結合して電気的に中性の原子になり、光を散乱しなくなる。その結果、高温プラズマが発する放射光が遮られることなく直進する。高温プラズマがなくなるので光の放射は終了するが、終了間際に出た光は、それから百数十億年にわたって散乱されずに直進し続け、現在も、宇宙から地球に降り注いでいる。これが「（宇宙）背景放射」である。

　背景放射を調べると、どの方位からやってくる放射光も波長に対する強度分布が一致する。これは、宇宙初期の高温状態が、どこでもほぼ等しい状態だったことを意味する（より詳しい説明は、§6-1で行う）。

　宇宙初期におけるエネルギー分布の一様性によって、「風船が膨らむ」ように、空間の全域が同じ割合で膨張していく。宇宙空間が膨張し温度が低下するにつれて、物質が集まって銀河を形成するが、こうした個別的な銀河の重力が一様な膨張という全体的な振る舞いを変えることはない。

　銀河の3次元マップや宇宙背景放射に関する観測データは、高度の一様等方性を持った高温状態から一般相対論に従って膨張してきたという仮説の正しさを裏付ける。宇宙の歴史は、フリードマン方程式によって解明できるのである。

🌐 距離の推定

　銀河の3次元マップなどを作成するときに重要なのが、距離の推定である。望遠鏡で暗く見える天体が観測されたとき、それが遠方にある明るい天体か、近くにある暗い天体かは、すぐには決められない。ここでもし、ある天体の絶対光度（単位時間に放出される全放射エネルギー）がわかるならば、観測された明るさとの違いを基に、天体までの距離を推定できるはずである。絶対光度が判明し、距離の推定に利用される天体は、標準光源と呼ばれる。

　残念ながら、どんなケースにも当てはめられる万能の距離推定法があるわけではない。適用範囲が一部でオーバーラップする手法をいくつも組み合わせることで、比較的信頼できる距離の推定が行われるのである。

　ハッブルの時代に最も役に立ったのが、セファイド（ケフェイド）変光星である。これは、ヘリウムの核融合が不安定になり、重力とガス圧との不均衡のせいで一時的に膨張・収縮を繰り返すようになった天体である。数日から100日以上にわたるその周期は、質量が大きいほど長くなる。一方、質量が大きいほど恒星は明るく輝くので、変光周期と絶対光度の間に一定の関係が成り立ち、標準光源として利用できる。

　この周期-光度関係は、1912年に、地球から19万光年の距離にある小マゼラン雲内部のセファイド変光星のデータを基に発見され、ハッブルが系外銀河までの距離を推定する際に利用された（ただし、セファイド変光星には周期-光度関係の異なる2つの種類があり、ハッブルが行った推定には、両者を混同したことに起因する大きな誤差があった）。

　セファイド変光星が観測可能なのは、せいぜい1000万光年までであり、それを超える遠方の銀河に関しては、距離を推定するために別の指標が必要となる。そうした指標としては、渦巻銀河の回転速度（ドップラー効果を使って測定可能）と絶対光度を結びつけるタリー＝フィッシャー関係、楕円銀河の速度分布（線スペクトルの幅から分散が求められる）と絶対光度の間のフェイバー＝ジャクソン関係、さらに、§4-2の終わりで紹介するIa型超新星などがある。

　こうした方法で数億光年以内の銀河までの距離を求め、スペクトルの赤方偏移と比較すると、(4.10)式で表されるハッブル＝ルメートルの法則が、かなり良い精度で成り立っていることが示される。

🌐 ハッブル定数の値

　ハッブル＝ルメートルの法則に含まれるハッブル定数 H（(4.8)式。ビッグバンから138億年という現時点におけるハッブル・パラメータ(4.9)の値）についてのデータも集まってきた。

　定義によれば、ハッブル定数の単位は、時間の単位の逆数となる。(4.12)式は、時間と空間を同じ単位で表したものだが、時間を年単位、空間を光年単位

で表すことにすれば、単位の換算係数をつける必要はない。

　天文学者が好むハッブル定数Hの単位は、[km/s/Mpc]（Mpcはメガパーセクと読み、326万光年に相当）である。これは、(4.12)式において、天体までの距離dの単位を[Mpc]、後退速度vとして[km/s]を使ったときの値である。現在の観測データによれば、この単位で表したときのHは70前後になるが、10%近い観測誤差がある。このため、次のように表すことが多い。

$$H = 100 \times h \text{ [km/s/Mpc]} \tag{4.18}$$

hとしては、最新の観測データを当てはめて、$h = 0.7$などの数値を用いる。

　すでに紹介した楕円銀河M87の場合は、

　　後退速度　$v = 1266$ [km/s]

　　距　　離　$d = 16.7$ [Mpc]

である。(4.12)式に当てはめると$H = 75.8$となる。M87など個々の銀河は、共動座標に対して相対的に動く「固有運動」を行うため、後退速度と距離の比にはばらつきがある。これらに適当な重みを付けて平均したものが、ハッブル定数の値として採用される。

　ハッブル定数の逆数はハッブル時間と呼ばれる。(4.18)式で導入したhを使うと、

$$1/H = 9.778 \times 10^9 \text{ [年]}/h \approx 100 \text{ [億年]}/h$$

となる。ハッブル時間は、たまたま現在の宇宙年齢と近い値になるが、それ自体に物理的な意味があるわけではない。

🌐 銀河の固有運動

　これまで、銀河が共動座標で静止しているかのように記してきたが、前節で示したとおり、個々の銀河は、ハッブル゠ルメートルの法則からずれる固有運動をしている。

　さまざまなデータを総合した結果としてハッブル定数が確定すれば、（前節のM87のように）個別的な赤方偏移の観測データと比較することで、視線方向における銀河の固有運動を決定できる。

　銀河は、銀河団と呼ばれる数百〜数千個の集団を形成する傾向がある。比較的近くにある銀河団としては、最も近いおとめ座銀河団（5000万〜8000万光年にある銀河の集団）のほか、1億数千万光年ほどの距離にうみへび座銀河団やケンタウルス座銀河団などがある。

　これらの銀河団は、共動座標で（ほぼ）一定の位置を占めており、宇宙の膨張と共に互いに離ればなれになる。銀河団同士が及ぼし合う重力の効果は、間隔が広がるにつれてどんどんと低下し、やがて無視できるようになるため、銀河団の分布マップを描くと、おそらく数百億年が経過した頃から、ほとんど相似形を保ったまま縮尺だけが変化するような状況になるだろう（観測データに多くの誤差があるため、予想は確定していない）。

　銀河団内部の銀河は、重力の作用によって互いに接近すると推測される。今後数百億年の間に、多くの銀河団で、重力で引き寄せられた巨大な銀河同士の衝突合体がたびたび見られるはずである（矮小銀河同士の衝突や、巨大銀河による矮小銀河の吸収ならば、宇宙史の初期から頻繁に起きていた）。

　内部の天体はごくまばらにしか存在しないため、銀河同士が衝突しても、星の衝突はほとんど起こらない。しかし、星間ガスに揺らぎが生じる結果として、大質量星が次々に誕生しては超新星爆発を起こすようになり、強烈な放射線によって多くの生物が死滅するだろう。さらに、連続的な超新星爆発によって、星の揺りかごとなる渦巻銀河の円盤部（ディスク）が吹き飛ばされ、星形成率が大幅に低下した不毛な楕円銀河が残されることになる。

　われわれが住む天の川銀河は、局所銀河群と呼ばれる集団に属する（銀河群は、銀河団より一回り小さな銀河の集団である）。この集団には、天の川銀河（棒渦巻銀河）とその周辺で発見された数十個の矮小銀河のほかに、アンドロメダ銀河とさんかく座銀河という2つの巨大な渦巻銀河がある。この2つは、スペクトルが青方偏移を示すことからいずれも天の川銀河に接近中で、数十億年以内（数値にはさまざまな不定性がある）に衝突する。

🌐 遠方の銀河からの光

　赤方偏移zが0.05より大きくなると、ベキ展開の高次項を無視するハッブル゠ルメートルの法則は成り立たない。光の放出時刻t_0がわかれば、多くの銀河で赤方偏移zを測定し、これと(4.6)式を比較することで、スケール因子aの

時間変化が調べられる。しかし、t_0を求めることは容易ではない。

　赤方偏移のデータを利用して天体までの距離や光の放出時刻を求めるためには、フリードマン方程式を用いて空間膨張の過程を調べる必要がある。ここでは、ユークリッド近似が使え、圧力項を無視できる場合に限定して説明する（このときのフリードマン方程式は、第3章(3.13)式になる）。

　フリードマン方程式には、宇宙の状態を表す2つの量が含まれる。

　宇宙定数Λは、アインシュタインが静止宇宙の解を求めたときには物理定数として扱われたが、より一般的な観点からすると、少なくともその一部はエネルギー運動量テンソル$T_{\mu\nu}$に含めるべき状態量であり、時間とともに変化する可能性がある。Λの値がどうなるか、理論的には全くわかっていない。第6章で説明するように、Λは現代物理学における最大の謎であり、現在、集中的に研究が進められている。

　エネルギー保存量Mの値にも不明な点が多々ある。Mは、もともと球面状宇宙に含まれる全質量として導入されたものの、宇宙空間がどのような幾何学的形状なのか不明なため全質量という定義は意味がなく、平均的なエネルギー密度と関係する量と見なすべきである。ただし、観測データと結びつけようとする際に気をつけなければならないのは、「暗黒物質」の存在である。

　光学的観測にかからない膨大な暗黒物質が宇宙空間に存在するというアイデアは、1930年代に早くも提唱されたが、多くの天文学者が真剣に検討し始めるのは、70年代に入ってからである。望遠鏡で見える恒星のデータを基に銀河の質量分布を求め、これを使って銀河を周回する天体の運動を計算しても、実際の観測結果とは大きく食い違う。そこで、「銀河質量の大半を、光学望遠鏡では観測できない暗黒物質が担っている」という仮説が信憑性を帯びてきた。さらに、宇宙論においても、望遠鏡で見える恒星だけでは、宇宙の進化をうまく説明できないことがわかり、暗黒物質は、理論の予想と観測データの整合性を保つために不可欠と考えられるようになった。

　以上のような事情があるため、フリードマン方程式を使ってどのように空間が膨張してきたかを具体的に調べる際には、ΛとMは未知定数として扱わざるを得ない。ΛとMの値は、他のデータ（例えば、次の節で紹介するIa型超新星のデータ）と結びつけて、はじめて推定可能になる。

　フリードマン方程式を積分する方法は、章末の【数学的補遺4-1】に記したので、興味のある人は参照してほしい。ここでは、結果だけを書いておく（こ

の式は、ユークリッド近似かつ圧力項を無視という場合に限られることを忘れないように）。

$$t(z) = \int_0^{t(z)} dt = \int_0^{\frac{1}{1+z}} \frac{d\zeta}{H\zeta\sqrt{\Omega_\Lambda + \Omega_M/\zeta^3}} \tag{4.19}$$

ζ は、現在の値を基準としたときのスケール因子を表す。ユークリッド近似のフリードマン宇宙は、図3-6に示したようにスケール因子がゼロの状態から始まるので、$\zeta = 0$（$z = \infty$）となるのが始まりの瞬間（ビッグバン）に当たる（ビッグバンが始まりの瞬間ではない宇宙については、第6章で解説する）。

$t(z)$ は、観測された赤方偏移が z であるような光が放出された時刻を表す[★7]。この時刻は、ビッグバンを起点として計ったもので、光が放出された時点での宇宙年齢を意味する。「現在」がビッグバンからどれだけ経過した時刻かを求めるには、ζ による積分の上端を、現在に相当する $\zeta = 1$（$z = 0$）と置けばよい。ζ の値が小さい（z が大きい）ほど、過去に遡る。

Ω_Λ および Ω_M は、それぞれ Λ および M と関係づけられる量である（具体的な関係式は、【数学的補遺4-1】を参照のこと）。ごく簡単に言えば、現在の宇宙におけるエネルギーのうち、宇宙空間に内在する暗黒エネルギー（ここでは宇宙定数 Λ によるエネルギーを想定しているが、それ以外のエネルギーを含める場合もある。詳しい議論は、第6章参照）の占める割合が Ω_Λ、物質エネルギー（暗黒物質を含む）の占める割合が Ω_M である。

(4.19)式は圧力項が無視できるという近似を使って求めており、圧力が高かった宇宙の初期には誤差が生じるが、何億年という宇宙論的なスケールの時間を扱う際には、それほど気にする必要がない。

z と $t(z)$ の関係は、宇宙空間がどのように膨張してきたかに依存しており、暗黒エネルギーの占める割合によって変化する。図4-5は、(4.19)式の積分を遂行して求めたグラフで、暗黒エネルギーが凡例に示した割合のとき、赤方偏移が z となる光が放出された時点での宇宙年齢を表す。時間はハッブル時間（ハッブル定数 H の逆数を時間の単位で表したもので、約140億年）を単位とする。赤方偏移 z が0となるのが現在なので、各グラフと縦軸の交点は、現時

★7 … ここでの座標系は、ユークリッド近似の下で時間を宇宙標準時、空間を共動座標で表すものであり、計量場が第3章 (3.2)式、すなわち、対角項が順に $(-1, a^2, a^2, a^2)$ になることを前提とする。この条件の下で宇宙標準時 t は、宇宙空間のエネルギー分布が一様になるように均したとき、空間座標一定の位置に置かれた原子時計で計れる物理的な時間に等しい。

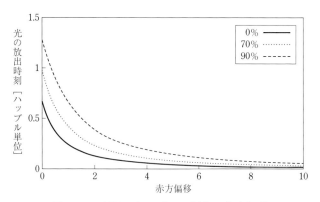

図4-5 暗黒エネルギーの割合と赤方偏移

点での宇宙の年齢を与える。

　暗黒エネルギーが100%の宇宙（図4-5には示していない）では、$\zeta = 0$で積分が発散し、物質のない宇宙は、無限の過去から永久に膨張し続けることが示される。これがド・ジッターが1917年に提案した宇宙模型で、フリードマン方程式において物質密度をゼロと置いたケースに相当する。

　図4-5（より正確には、(4.19)式を曲率や圧力項が無視できない一般のケースに拡張して描いたグラフ）は、宇宙論的なパラメータ（現在の宇宙年齢や暗黒エネルギーの割合など）を推定するのに利用できる。ハッブル定数Hは近傍の銀河の観測を通じて判明しているので、遠方の銀河からやってきた光の赤方偏移zと、その光が放出された時刻tの組み合わせがいくつか集まれば、グラフとフィットするような暗黒エネルギーΩ_Λと物質的エネルギーΩ_Mの値を求められるからである。しかし、zやHの値が観測で得られても、ここまでの議論だけでは、光の放出時刻tは不明である。放出時刻tを推定するために、遠方の銀河にも適用できる標準光源が、どうしても必要だった。

標準光源としてのIa型超新星

　標準光源があれば、見かけの明るさに基づいて、放出時刻を推定することが可能になる。標準光源とは、絶対光度（単位時間あたりの全放射エネルギー）が判明している天体のことで、変光周期と絶対光度に一定の関係があるセファイド変光星もその一例である。赤方偏移が大きな遠方の銀河になると、銀河内

部のセファイド変光星を特定するのが困難なため、別の標準光源を探さなければならない。「巨大な銀河団の中の最も明るい銀河」が利用されたこともあるが、こうした銀河の光度は、数十億年というタイムスケールで大きく変動するため、あまり精度の良い標準光源とはならない。そんな中で、1990年代から標準光源として特に注目されているのが、Ia型超新星である。Ia型超新星とは、いったん燃え尽きたはずの恒星が、伴星からの質量流入によって再点火することで生じる爆発現象である。

　核燃料となる水素とヘリウムをすべて消費し尽くし、炭素による核融合を起こすには重量不足の恒星は、白色矮星という燃え殻となる。多くの星はそのまま冷たくなるが、別の恒星（主系列星か赤色巨星）と近接連星系を構成する場合は、伴星から物質が流れ込んで重量が増すことがあり得る。白色矮星でいられる質量にはチャンドラセカール限界という上限があり、流れ込んだ質量のせいで上限近くまで重くなると炭素の核融合が開始される。このとき、白色矮星に固有の元素組成や層構造のせいで核反応が暴走し、大量のエネルギーが爆発的に放出される。これがIa型超新星である。

　核暴走が始まる質量が決まっているため、Ia型超新星で起きる物理現象はどれも類似した過程をたどる。以前は、最大光度に等級で言って2等にも及ぶ理由不明のばらつきがあり、標準光源としては精度が低いとされた。しかし、1990年代に多数の超新星についてのデータが収集され、光度曲線（放出される光の強度が時間とともにどのように変化するかを表す曲線）と最大光度との間に一定の関係があると判明してから、状況が変わる。ゆっくり減光するものほど最大光度が明るいという性質があり、減光パターンに基づいて最大光度を較正すると、どのIa型超新星でも、較正された最大光度は絶対等級（その恒星を10パーセク = 32.6光年の距離に置いたときの見かけの等級）でマイナス19.5等程度、ばらつきは0.2等以下になる。この較正法を採用すれば、標準光源として利用できる（ただし、爆発のメカニズムには不明な点が多く残されており、光度曲線と最大光度の関係も理論的な解明はなされておらず、今後、理論が大きく書き換えられる可能性もある）。

　超新星の絶対光度がわかると、見かけの明るさ（観測地点における単位時間・単位面積あたりの放射エネルギー）と比較することで、超新星までの距離や爆発が起きた時刻の推定が可能になる。絶対光度と見かけの明るさの関係は、(4.14)式で与えておいた。

　ただし、実際に超新星までの距離を導くのは、そんなに簡単ではない。共動座標の座標間隔Rは、理論的には(4.2)式で与えられる量で、すぐにわかる訳ではない。

　超新星を標準光源として利用する際には、ここで述べた以外にも、さまざまな要因を考慮しなければならない。例えば、光が伝播する過程で、どの程度のエネルギー吸収が起きるか見積もる必要がある。ところが、宇宙論的な赤方偏移によって光の波長が変化するため、帯域ごとの吸収率の差が見かけの明るさに影響を及ぼすことになり、見積もりはかなり難しい。また、超新星爆発を起こす恒星の元素組成は宇宙の歴史とともに変遷しており、後の時代ほど重元素の割合が多くなるので、爆発時の宇宙年齢によって光度曲線に差が生じる可能性もある。

　このように、宇宙論的なパラメータを推定するためには、数多くの仮説とデータを組み合わせる必要があり、一筋縄ではいかない。それでも、Ia型超新星についての知見が増えることによって、宇宙論は、「桁が合えばいい」という程度の大ざっぱな学問から、"半"精密科学へと変貌を遂げつつある。

🌐 加速膨張の証拠

　超新星を標準光源とすることで、赤方偏移zと放出時刻$t(z)$との間に、かなり信頼性の高い関係が得られている。科学ニュースなどで、しばしば「何億年前の天体が発見された」といった報道がなされるが、これは、観測される赤方偏移の値から割り出した時刻である。

　暗黒エネルギーの割合も、かなりはっきりしてきた。超新星のデータを利用した推定によると、宇宙におけるエネルギーの70％程度が宇宙定数ないし空間に内在するそれ以外のエネルギーによる暗黒エネルギー、残りが暗黒物質を中心とする物質的なエネルギーと見積もられる。

　正の宇宙定数が存在するときの（ユークリッド近似での）スケール因子の振る舞いは、第3章図3-6に示しておいた。この図からわかるように、宇宙は永遠に膨張を続ける。膨張速度は、はじめのうちは減速される（スケール因子のグラフが上に凸になる）が、途中から加速に転じる。

　超新星のデータによると、宇宙空間は、138億年前のビッグバンから数十億年間は膨張速度が減速していたが、ある時点で加速膨張に転じたという見方が

有力である（以上の数値にはさまざまな不定性が残されており、今後、大幅に変わる可能性もある）。

§4-3 始まりのある宇宙

　アインシュタインの静止宇宙やフリードマンの膨張宇宙は、ほとんどデータに基づかない理論の産物だったが、ルメートルが天文学的なデータと比較可能な予想を提出したことにより、宇宙が膨張しているという直接的な証拠が得られた。さらに、エディントンによって「風船のように膨張する宇宙」という具体的なイメージが与えられたことで、時間を過去にたどっていった果てはどうなるかが、科学的に問われるべき謎として提起される。ルメートルが特に力を注いだのは、この謎に関する議論だった。

🌐 静止宇宙の不安定性

　アインシュタインの静止宇宙は、球面状空間のポテンシャルを表す図3-7において、「重力項＋宇宙項」のグラフが「$E = -1$」のグラフに接する場合の接点に相当する。2つのグラフの交点では、スケール因子aの変化率がゼロとなり、膨張（または収縮）が一瞬止まって収縮（または膨張）に反転する。これに対して、接点では、ポテンシャルの傾きもゼロとなるので、変化を生み出す力が作用しない平衡状態となる。ただし、ポテンシャルが上に凸の不安定平衡であり、わずかな揺らぎによって釣り合いが破れ、変化が始まる。

　1927年の論文でルメートルが問題としたのは、静止宇宙の大きさがが平衡状態からずれたときに何が起きるかである。考えるべきは、球面状宇宙のフリードマン方程式（括弧で括った項まで含めた(3.12)式）において、宇宙定数ΛとエネルギーMが静止宇宙の条件式(2.7)から導かれる関係を満たすケースである。

　細かい計算は章末の【数学的補遺4-2】に譲るとして、フリードマン方程式の解の定性的な振る舞いだけ述べておこう。アインシュタインの静止宇宙からごくわずかだけスケール因子が大きくなったとすると、宇宙空間は、初めのう

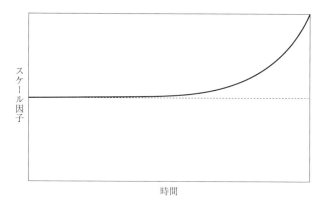

図 4-6　ルメートルの宇宙モデル

ちはきわめてゆっくりと、次第に加速されながら膨張していく（図4-6）。

　ルメートルは議論していないが、フリードマン方程式を使うと、静止宇宙の状態からスケール因子がわずかに小さくなったとき、宇宙空間が無限小まで収縮することが導ける。

　こうした振る舞いは、アインシュタインが提案した静止宇宙が不安定なことを示しており、ふつうは「故に、このモデルは非現実的だ」と結論づける。しかし、ルメートルは、静止宇宙の不安定性に気がつきながら、それが始まりの状態だと考えた。

　第3章でも論じたように、フリードマン方程式を認めるならば、一様等方な宇宙空間は不安定であり、大きさが無限小か無限大のいずれかに向かって変化し続ける。フリードマン方程式は（時間をあらわに含むのが1階微分の2乗の項だけなので）時間の向きを反転しても変わらない。したがって、宇宙の始まりも無限小か無限大のはずである。

　それでは、なぜルメートルは、静止宇宙の解にこだわったのか？ 推測するに、それが、不安定ながらも有限な大きさの平衡状態を実現できる唯一の解だったからだろう。「大きさがゼロの宇宙が忽然と現れ、どこまでも膨張していく」という奇妙な事態が受け容れられない場合、一般相対論の修正や一様等方性条件の変更といった根本的な見直しをせずに構成できるのは、このモデルしかない。

　さらに付け加えるならば、宇宙の始まりとして静止宇宙を想定することは、審美的な観点からも好ましく感じられたのではないか。静止宇宙には、一種の

完璧さがある。時空は完全に球面状で、エネルギー分布にも揺らぎがない。そのまま何も起きなければ、この完璧さは永遠に保たれる。しかし、ほんのわずかでも摂動が生じると、釣り合いが破れて変化が始まる。こうした宇宙開闢のストーリーは、なかなかに興味をそそるものである。

　ただし、アインシュタインが導いた静止宇宙の条件は、現実には起こり得ないような際どい釣り合いであり、自然界がそうした状態を用意したと考えるのは、かなり無理があると言わざるを得ない。ルメートル自身、数年後には、これに代わる新たな宇宙の始まりを考察する。これが、「原始的原子（l'atome primitif）」の主張である。

🌐 原始的原子

　ルメートルは、英国科学振興協会100周年記念会議（1931）におけるエディントンとの討論を通じて新たなアイデアを思いつき、同年のネイチャー誌に「量子論の観点から見た世界の始まり」という数式のない短い論文として発表した。

　1931年の会議でエディントンは、「現在の自然界における秩序の起源」という考え方は、哲学的に見て「気にくわない（repugnant）」と語ったらしい。おそらく、その背後にあるのは、19世紀的な熱力学の思想だろう。

　クラウジウスが導入しボルツマンが一般化したエントロピーの理論によると、自由度がきわめて多数になる閉じたシステムでは、エネルギー分布は、統計法則に従ってエントロピーが増大する方向に変化する。物理学的には正確ではないが、通俗的な言い方をすれば、「自然界では、秩序が失われる方向に必然的な変化が進行する」となる。

　こうした通俗的な解釈をそのまま宇宙の歴史に適用すると、その始まりはきわめて高い秩序を持っていたことになる。エディントンが不快に感じた理由は、こうした「始まりの秩序」という考え方が、物理学的な方法論に馴染まないからだろう。

　これに対して、ルメートルは、1925年に体系化されたばかりの量子力学を使って、問題が回避できることを示そうとした。

　宇宙がアインシュタインの静止宇宙から始まったのでないとすると、きわめて小さな状態から膨張を開始したはずである。現在の宇宙は多数の原子から成

り立っているが、時間を過去に向かって遡った場合、宇宙の始まりに近づくにつれて、これらの原子はどうなるのか？ 空間が狭くなることより、膨大な数の原子が凝集するので、一つの巨大な原子を形作る──というのが、ルメートルの思いついたアイデアだった。

　当時は、原子核が陽子と電子から構成されるという（誤った）見方が主流で、これらがどのような力で結合しているかは全く不明だったが、量子効果によってエネルギーが特定の値になる安定状態（エネルギー固有状態）を形作ると考えられていた。1928年には、ジョージ・ガモフが、「トンネル効果によって原子核からアルファ粒子が飛び出し、質量数の大きな原子核がより小さな原子核に変化する」というアルファ崩壊の理論を提唱し、注目を集めた。

　こうした学界の動向を背景に、ルメートルは、宇宙の初期には、その後に現れるすべての原子の元になる巨大原子が存在し、これがアルファ崩壊と似たメカニズムで壊れることにより、数多くの小さな原子を生み出すと考えた。この巨大原子は、空間の内部に存在するのではなく、全空間を占める存在である。

　この考え方で興味深いのは、最初の状態として量子論的なエネルギー固有状態を想定した点である。ボルツマンによれば、エントロピーとは、一定の制約の下でシステムが取り得る状態数の対数に等しい。縮退のない基底状態（エネルギー値が最低になるエネルギー固有状態）は状態数がただ一つであり、エントロピーは（1の対数なので）ゼロになる。これは、自然界におけるエントロピーの最小状態であり、そこから始まる変化は、必ずエントロピーが増大する向きになる。エディントンの悩みは、すっきりと解消される訳である。

　ニュートン力学のように時間変化が微分方程式で記述されるのならば、安定平衡状態であるエネルギー固有状態から何らかの変化が生じることはあり得ない。しかし、量子論の時間変化は、微分方程式で確定的に与えられるのではない。不確定性原理のせいで、微分方程式を解いて求められるような滑らかな変化とは異なる現象が起きることもある。トンネル効果は、そうした現象の一つである。ニュートン力学では、最初の状態が与えられれば以後何が起きるかが確定するが、量子論的な不確定状態である原始的原子の中に、宇宙の歴史を形作る全情報が含まれるのではない。

　多数の原子が凝集して巨視的なスケールの原子になるという発想は、直ちに誤りとは言えない。大質量を持つ恒星が核融合の燃料を消費し尽くすと、ガス圧で自重を支えきれずに潰れ始める。このとき、最終的にどうなるかにはいく

つかのパターンがあるが、強大な重力によって陽子と電子が合体すると中性子になるため、星全体がほとんど中性子だけから構成された中性子星となることもある。通常の原子核は陽子と中性子が結合したものだが、中性子星は、重力によって安定化された中性子だけの原子と解釈することも可能である。

　中性子星は時空の内部に存在する天体だが、原始的原子はそうではない。ルメートルは球面状宇宙を想定していたので、宇宙の始まりに向かって時間を遡ると、空間自体が小さくなってすべての原子が凝集する。1930年頃の常識では、原子が凝集した状態を重力だけでさらに押しつぶすことは不可能だと考えられており、原始的原子が形成される前の時間まで遡ることはできない。また、原始的原子は全空間を占めており、その外部は存在しない。原始的原子が、時空の時間的な端点なのである。

　残念ながら、ルメートルのアイデアは、そのままでは正当化できない。その理由は、主に、一般相対論の根源的な不安定性にある。

　1960年代に特異点定理が証明されるまでは、重力がかなり強くなったとしても、それを支えられるだけの何らかの抵抗力が生じると考えられた。大質量天体で水素などの核燃料が消費されると、通常のガス圧で重力を支えきれなくなる。白色矮星のような高密度天体では電子の縮退圧によってかなりの程度まで支えられるが、1932年にスブラマニアン・チャンドラセカールによって、ある質量を超えると白色矮星でも自重による収縮が止まらなくなることが示された。それでも、中性子星になれば、中性子の縮退圧で重力に抗しきれると考えられたが、1939年にロバート・オッペンハイマーらによって、ある段階で重力崩壊が生じることが明らかにされた。

　第3章§3-3で記したように、重力が充分に強くなると、ある領域から先では、光を含むすべてのエネルギー伝達が特定の向きにしか起きなくなる。きわめて質量の大きな天体の場合は、エネルギーが内向きにしか伝わらないので、いかなる物理的な過程によっても重力崩壊を止められない。一般相対論にはこうした特性があるので、宇宙の大きさが無限小になるのを妨げる原始的原子は存在できない。

　ただし、これは（第3章で示した宇宙空間の振動解の議論と同じく）一般相対論が正しいことを前提としたときの結論である。時空のゆがみがきわめて大きくなった場合、あるいは、きわめて狭小な領域を議論する場合は、量子効果

があまりに強いせいで、アインシュタイン方程式が成り立たない可能性が大きい。そうでなければ、量子論と相対論の間の齟齬を解消できないからである。

　もし、空間がきわめて狭小になった極限で量子効果によって一般相対論が成り立たなくなった場合、そこで何が起きるのか。現時点では、確実なことは何も言えない。さまざまな可能性があり、野心的な物理学者がいろいろな学説（と言うよりは思いつき）を口にしている段階である。ルメートルの原始的原子は、そうした野心的な主張の最も早い例と言える。

🌐 宇宙の始まりについての学説

　「宇宙はどのように始まったか」という問いは、古代から多くの先人によってたびたび発せられてきたが、フリードマンやルメートルの手によって、ようやく科学的な議論の可能性が見えてきた。

　宇宙が高温高圧状態から始まり、それ以降、一般相対論に従って膨張し続けているというビッグバン宇宙論は、1960年代後半に受け容れられて以降、現在でも信頼できる定説の座を維持している。しかし、ビッグバンがそもそもの始まりという見方は後退し、あくまで宇宙史の一つのエポックと見なす研究者が多くなっている。こうした学説変化が起きた事情については、第6章で改めて述べることにして、ここでは、フリードマンやルメートルが提唱したアイデアが、こんにち、どのように受け止められているかを簡単に述べておきたい。

　すでに述べたように、現在の宇宙は、膨張速度がしだいに増加していく加速膨張フェーズにあると考えられる。ビッグバンからしばらくの間は、宇宙空間に解放されたエネルギーのせいで減速フェーズに入ったが、その後、本来の加速フェーズに戻ったという見方である。ビッグバンは、一時的にエネルギーが解放されるイベントであり、ビッグバン以前にも、加速膨張する宇宙空間があったと考える人が多い（ただし、これが定説という訳ではなく、さまざまな主張が乱立していると言った方がよい）。

　このビッグバン以前の加速フェーズがどのように始まったかについて、フリードマンやルメートルのアイデアが、今なお発想の源泉として意味を持っている。

(1) フリードマン「宇宙の創造」

　フリードマンは、1922年の論文で宇宙の「創造」について言及している。この論文では、宇宙空間は球面状に限定されており、そのタイプは（第3章で示したように）3つに分類される。

　図3-7に描いた「重力項＋宇宙項」のグラフが「$E = -1$」と交点を持たなければ、フリードマン方程式は、ある瞬間に大きさのない宇宙が誕生し、それ以降はいつまでも膨張し続けるという解を持つ。これは、「大きさのない宇宙」を「スケール因子の小さい宇宙」に置き換えれば、ビッグバン以降の宇宙の振る舞いを示すものとして現在も使われる解である（現在では、球面状に限定せず、ユークリッド近似が成り立つ一般的な幾何学的形状を想定することが多い）。

　フリードマンの解釈が現在と異なるのは、「重力項＋宇宙項」と「$E = -1$」のグラフが交点を持つ場合である。図3-7に示した2つの交点のうち、左側の交点より左の領域における解を、フリードマンは、スケール因子がゼロと最大値の間で振動する宇宙と考えた。この場合、振動は永遠に続くので、宇宙の始まりはない。すでに第3章で述べたように、現在では、特異点定理があるので振動解は存在できないとされ、スケール因子がゼロの（あるいはきわめて小さい）宇宙が誕生し、膨張・収縮の後に消滅すると見なされる。

　図3-7の右側の交点より右側の領域における解について、フリードマンは、興味深い解釈を採用した。この交点で宇宙が誕生し、どこまでも膨張していくと考えたのである。なぜ彼がこうした解釈に至ったか、発想のプロセスはわからないが、「大きさのない宇宙が生まれたり消えたりする」という考え方を嫌って、「有限の大きさの初期状態から始まる」宇宙を考案したかったのではないかと推察される。

　ちなみに、ルメートルが1927年に提案したモデルは、図3-7で「$E = -1$」が「重力項＋宇宙項」のグラフと（交わるのではなく）接するというもので、接点が宇宙の始まりとなる。

(2) ヴィレンキン「無からの創造」

　フリードマンの解釈は、一般相対論の範囲では正当化できないものだが、この改訂版とでも言うべきアイデアが、アレクサンドル・ヴィレンキンによって1982年に提出された。ヴィレンキンは、フリードマンが宇宙の始まりと見なした瞬間を、量子論的な遷移過程によって誕生した状態と考えたのである。

　ただし、ヴィレンキンの主張は、物質のエネルギーが無視できる球面状空間でのフリードマン方程式の解が、真空に強い電場を加えたときの電子−陽電子の対生成（粒子と反粒子がペアで作られる素粒子反応）の式と似ているというアナロジーに基づいており、理論的に導かれたものではない。アイデアとしては面白いが、そのまま受け容れるわけにはいかない。

　図3-7の「重力項＋宇宙項」グラフを物理的なポテンシャルエネルギーと見なし、左側の解から右側の解へと量子論的なトンネル効果で遷移したという考え方もある。さらに、正準量子化の手法に則って時空を量子論で取り扱うという野心的な試みもあるが、いずれも理論としては完成されておらず、今の段階でこれらの妥当性を論じるのは時期尚早だろう。

(3) ホーキング「宇宙の量子状態」

　ルメートルは、宇宙の始まりを何らかの形で表す方法を探索し、アインシュタインの静止宇宙や原始的原子について考えを巡らせた。その直系の子孫と言えるのが、スティーブン・ホーキングが1984年に発表した「宇宙の量子状態」だろう。

　宇宙の始まりを具体的な状態として表す際には、エディントンが「気にくわない」と言った問題——すなわち、エントロピーを極小化するメカニズムを考案する必要がある。ルメートルは、きわめて対称性の高いアインシュタインの静止宇宙や、エントロピーが必然的にゼロになる縮退のない基底状態を想定した。しかし、根源的な不安定性が内在する一般相対論の枠内で、安定した秩序状態を理論的に構成することは、不可能に近い。

　ホーキングは、自身が証明した特異点定理を回避するために、いくつかのテクニックを用いた。まず、時間座標を虚数に変更した。量子力学では、遷移過程を扱うときに時間が見かけの上で虚数となることがあるが、この手法を、遷移過程ではなく宇宙の始まりに応用したのである（ヴィレンキンも虚数時間を用いて議論している）。さらに、経路積分と呼ばれる量子化法を使い、その際に、積分がなめらかな関数で表されるという条件を付加することで、宇宙の始まりと見なせるような状態を構成した。

　こうした論法は、きわめて野心的で賛嘆すべきものだが、成功した理論として支持されているとは言い難い。宇宙の始まりについては、まだ誰も解明していない状況なのである。

フリードマン方程式の積分

ユークリッド近似で圧力項を無視したときのフリードマン方程式（3.13）を、次のように書き直そう。

$$\frac{da}{dt} = a\sqrt{\frac{\Lambda}{3} + \frac{\kappa M}{3a^3}}$$

この微分方程式は、2つの変数 a と t が分離できるため、変数分離法を使って簡単に積分形に直せる。

$$\int dt = \int \frac{da}{a\sqrt{\frac{\Lambda}{3} + \frac{\kappa M}{3a^3}}}$$

ユークリッド近似では、スケール因子 a の時間変化は図3-6で与えられ、時間の開始点 $t = 0$ では $a = 0$ となる。そこで、積分範囲としては、$t = 0$、$a = 0$ から任意の時刻 t（現在を含む）とその時刻のスケール因子 $a(t)$ までを選ぶと都合がよい。

ここでは、式をもう少し見やすい形に書き換えてみたい。フリードマン方程式（3.13）の現在 $t = t_P$ での形は、次のようになる。

$$\dot{a}(t_P) = a(t_P)\sqrt{\frac{\Lambda}{3} + \frac{\kappa M}{3a(t_P)^3}}$$

スケール因子そのものは測定できない量であり、データに基づく具体的な議論の中で使うのはためらわれる。ところが、現在における $\dot{a}(t)$ と $a(t)$ の比は、(4.8)式に示したように、ハッブル定数 H という（セファイド変光星と赤方偏移のデータを使って）観測可能な値になるので、これをベースにする方が便利である。そこで、フリードマン方程式の現在形を、次の形に書いてみる。

$$H^2 = \frac{\Lambda}{3} + \frac{\kappa M}{3a(t_P)^3}$$

右辺第2項は、現在におけるエネルギー密度に比例する量なので、第1項は、宇宙定数 Λ によるエネルギー密度と解釈することもできる。宇宙定数によるエネルギーは、（これまでにも何度か言及した）暗黒エネルギーである。この式

は、現在における暗黒エネルギー密度と物質（暗黒物質を含む）によるエネルギー密度の和が、現在の膨張率の2乗に（定係数を除いて）等しくなることを意味する。あるいは、両辺を H^2 で割れば、次式を得る。

$$\Omega_\Lambda + \Omega_M = 1$$

ただし、

$$\Omega_\Lambda = \frac{\Lambda}{3H^2}, \qquad \Omega_M = \frac{\kappa M}{3a(t_P)^3 H^2}$$

Ω_Λ と Ω_M は、それぞれ、現在の宇宙における暗黒エネルギーと物質によるエネルギーの割合を表すものと考えられる。

　新たに導入した2つの量 Ω_Λ と Ω_M を使って、フリードマン方程式をさらに書き換えていこう。変数をスケール因子から、ある時刻 t におけるスケール因子の現在の値に対する比 ζ に変更する。ところが、この比は、(4.6)式を通じて、時刻 t に放出された光が現時点で観測されるときの赤方偏移 z と結びつく。すなわち、

$$\zeta \equiv \frac{a}{a(t_P)} = \frac{1}{1+z}$$

　フリードマン方程式を、変数 ζ を用いた積分形に書き直すと、次のようになる。

$$t(z) = \int_0^{t(z)} dt = \int_0^{\frac{1}{1+z}} \frac{d\zeta}{H\zeta\sqrt{\Omega_\Lambda + \Omega_M/\zeta^3}}$$

$t(z)$ は、現在の赤方偏移が z となる光が放出された時刻である。これが、本文中で示した(4.19)式である。

　(4.19)式の積分は、第3章【数学的補遺3-2】と同じような変数変換によって遂行できる。

　まず、ハッブル定数 H を両辺に乗じて、左辺を Ht、すなわち、ハッブル時間を単位とした時間座標とする。その上で積分変数を、ζ から次式で定義される ξ に変更する。

$$\xi = \zeta^{\frac{3}{2}}\sqrt{\Omega_\Lambda/\Omega_M}$$

　(4.19)式で積分変数の変換を行うと、次のようになる。

$$Ht\,(z) = \frac{2}{3\sqrt{\Omega_\Lambda}} \int_0^\Xi \frac{d\xi}{\sqrt{1+\xi^2}} \tag{4.20}$$

ただし、積分の上端となるΞは、次式で与えられる。

$$\Xi = (1+z)^{-\frac{3}{2}} \sqrt{\frac{\Omega_\Lambda}{\Omega_M}}$$

(4.20)式の積分は、逆双曲線関数（双曲線関数記号の右肩に-1を付けて表す）を使って$\sinh^{-1}\Xi$となるので、

$$Ht\,(z) = \frac{2}{3\sqrt{\Omega_\Lambda}} \sinh^{-1}\left((1+z)^{-\frac{3}{2}} \sqrt{\frac{\Omega_\Lambda}{\Omega_M}} \right)$$

が得られ、$Ht\,(z)$とzのグラフが図4-5のように描ける。

数学的補遺 4-2　ルメートルの宇宙モデル

　アインシュタインの静止宇宙では、スケール因子a、宇宙定数Λ、エネルギーの保存量Mの間に、関係式(2.7)が成り立つ。しかし、この解は安定平衡点ではなく、わずかな摂動が加わると、aが(2.7)式を満たさなくなるはずである。

　aの時間変化は、フリードマン方程式(3.12)（括弧内の項も含む）で表される。そこで、(3.12)式のaを次のように置くことにしよう。

$$a = a_0\,(1+\chi) \qquad \left(a_0 \equiv \frac{1}{\sqrt{\Lambda}} \right)$$

　a_0は、静止宇宙におけるスケール因子であり、χが、そこからどれほどずれるかを表す。

　ΛとMは、静止宇宙の関係式(2.7)でaをa_0と置いた式を満たす定数だとして、フリードマン方程式(3.12)をχの微分方程式に書き直そう。それほど難しくない式変形の後、次式を得る。

$$\dot{\chi} = \frac{1}{\sqrt{3}a_0} \chi \sqrt{\frac{3+\chi}{1+\chi}} \tag{4.21}$$

　χがゼロならば、その時間微分もゼロなので、静止宇宙の状態が維持される。

しかし、χがどんなに小さくても正の値を持てばスケール因子は増大を始め、負の値を持てば減少していく。したがって、アインシュタインの静止宇宙は不安定であり、わずかな摂動によって膨張ないし収縮をし始める。

微分方程式(4.21)でχが有限の正の値を持つ時刻から、時間を逆にたどっていくことにしよう。χが充分に小さいとして近似すると、

$$\chi \approx C_1 \exp\left(t/a_0\right)$$

という解を得る（C_1や次式のC_2は積分定数）。$t \to -\infty$の極限で$\chi \to 0$となり、アインシュタインの静止宇宙に漸近することがわかる。

一方、χが大きくなると、$t \to +\infty$で

$$\chi \approx C_2 \exp\left(t/\sqrt{3}a_0\right)$$

のように、どこまでも大きくなる。

以上より、ルメートル・モデルは、最初に平衡点のごく近くにあった宇宙が、きわめて長い時間をかけて、はじめのうちは少しずつ、しだいに加速されながら膨張する過程を表す（図4-6）。

科 学 史 の 窓
「ハッブルの法則」の改名

「ハッブル＝ルメートルの法則」は、以前は「ハッブルの法則」と呼ばれていたが、国際天文学連合（IAU）の第30回総会（2018）で呼び方が変更された。この改名の背景には、次のような事情がある。

1927年に発表されたルメートルの原論文は、『ブリュッセル科学会年報』に掲載されたものの、あまり有力な学術誌ではなく、また、フランス語で執筆されていたため、大半の物理学者・天文学者の目にとまらなかった。

一方、ハッブルは、1929年に『米国科学アカデミー紀要』に発表した論文で、系外星雲（系外銀河）における視線方向の後退速度と距離が比例関係にあると指摘した。この論文がアメリカの天文学界を中心に評判となり、速度-距離の比例関係が「ハッブルの法則」と呼ばれるようになったのである。

ただし、ハッブルの示した観測データは、速度と距離の比例関係が主張でき

るほど確実ではない。データの中で最も遠方にあったおとめ座銀河団に属する銀河までの距離に、かなり大きな不定性があり、速度と距離に正の相関があることは認められても、比例関係にあるとまでは言い切れない。また、100万光年程度しか離れていない近傍の銀河では、アンドロメダ銀河のように青方偏移を示すものが多く、距離ゼロの地点で赤方偏移がゼロになるという法則が成り立つのか、疑わしい。

　ところが、論文には、観測データを示す点とともに、原点を通る直線のグラフが描かれていた。本文中では、「比例関係」ではなく、グラフが原点を通るとは限らない「線形関係」と記されており、それも、あくまで一次近似に過ぎないとの留保を付けてはいたものの、グラフのインパクトが強烈で、一般には、比例関係を主張した論文だと受け取られた。

　曖昧なデータしかないのに、なぜハッブルは比例関係を強調したのか？　一つの推測として、比例関係を予想する理論を知っていたのでは…というものがある。実は、ルメートルとハッブルは、ともに1928年開催の第3回IAU総会に出席しており、遠方の銀河で観測される赤方偏移と距離の関係について意見を交わしたことが、ハッブルの助手の証言からわかっている[8]。このとき、ハッブルは、ルメートルが前年に発表した関係式（(4.12)式）を知らされたのかもしれない。

　ルメートルは、エディントンの提案を受けて、1927年のフランス語の論文を自分で英語に翻訳し1931年の『王立天文学会月報』に掲載した。奇妙なことに、この翻訳には、原論文から削除された箇所がいくつかある。特に、スライファーらの観測データに基づいて膨張率（後にハッブル定数と呼ばれるもの）を計算する部分で、誤差などに関する考察を記した4つの段落と脚注が、ごっそりと抜け落ちている。観測データの出典を含む脚注の多くが削除された一方で、原論文にはなかったフリードマン論文への言及が末尾に付け加えられ、「星雲の後退速度への言及を除いて、（方程式が）完全に議論された」とコメントされた。

　英訳の際に、ルメートルが観測データの考察に関する部分を削除した理由は、必ずしもわかっていない。外部から圧力が加わったと考える向きもあったが、

★8 … 国際天文学連合第30回総会に提出された決議案B4「ハッブルの法則の改名の提案」の注による。この決議案には、改名が妥当と考えられる理由が列挙されている。

ルメートルが月報編集者と交わした手紙からすると、そうした動きはなかった
ようだ。おそらく、1929年のハッブル論文の方が正確なデータを用いていた
ので、古いデータに依拠した議論を残しておく必要はないとルメートル自身が
判断したのだろう。しかし、この部分が残っていれば、データに基づいて実証
的に膨張宇宙論を論じた最初の科学者がルメートルだとはっきりしたはずであ
る。司祭でもあったルメートルは、プライオリティへの執着がなく、あまりに
謙虚だったということなのか。

初期宇宙の熱史

　宇宙空間の大局的な時間変化は、観測可能な領域に限れば、フリードマン方程式を基にかなり精密に解明された。系外銀河の観測を通じて、ハッブル゠ルメートルの法則が近似的に成り立つことが確認されており、現在の宇宙が加速膨張段階にあることも、Ia型超新星のデータなどから確実性が高いとされる。しかし、空間内部に存在する物質の変化について、ここまでの議論で用いた手法だけでは明らかにできない。

　1922年に発表されたフリードマンの議論は、宇宙定数と冷たい（＝圧力のない）物質だけが存在する球面状空間に関するものだった。その解によれば、一様等方空間は不安定であり、スケール因子が無限小か無限大に向かって変化し続ける。現時点で膨張中なのだから、宇宙空間は、スケール因子が無限小（または、フリードマン方程式の適用限界となる小さな値）から始まったと考えるのが自然である。したがって、時間を逆にたどると、現在の物質的なエネルギーがすべて狭い範囲に集中した高温・高圧状態に到達するはずであり、その時点で、「冷たい物質だけが存在する」というフリードマンの前提は成り立たなくなる。

　「宇宙は一様等方だ」というアイデアを高温・高圧となる初期宇宙にまで外挿するためには、宇宙の熱力学を考慮する必要がある。ここまで、アインシュタイン方程式から導かれたフリードマン方程式とエネルギー保存則を用いてきたが、これだけでは方程式の数が足りない。圧力や温度とエネルギー密度を結びつける関係式を導入し、既知の方程式と連立することにより、極限的な高温・高圧状態から出発した初期宇宙で、温度や圧力がどのように変化したかを調べる必要がある。

　温度が求められると、素粒子論や原子核理論、化学反応論などを援用することで、そのとき物質がいかなる状態にあり、時間とともにどんな変化を遂げるかが、かなりの程度まで解明できる。

　素粒子論によれば、まず、ビッグバン直後の激しく沸き立った場から、素粒子が次々と生まれるはずである。続いて、温度が低下する中で物質と反物質が対消滅で消えていき、わずかに電子と陽子が残る。これらの消え残った粒子が、原子を形作り天体の素材となる――フリードマン方程式と他のいくつかの式を連立させるだけで、こうした物質誕生の粗筋が見えてくる。

§5-1 　熱力学・統計力学の基礎

　初期宇宙に関しては、熱平衡状態にあるシステムの熱力学を適用することができる。

　現在の宇宙では、銀河の分布がほぼ一様という形で宇宙原理が成り立っているが、ビッグバンから数十万年以内の初期宇宙では、さらに一様性が高かった。エネルギー密度の揺らぎはきわめて小さく、熱や物質の移動もほとんど起きない。熱の流れは、エントロピーの増大を伴う不可逆な（逆向きの過程が自然には起こらない）過程であり、これがあると、熱力学的な扱いは格段に難しくなる。しかし、温度や圧力に場所ごとの差がなく、熱や物質の移動が起きないならば、議論は大幅に簡単化される。

　初期の宇宙でも、空間が膨張し温度や圧力は低下し続けるので、放射や物質の状態は時間とともに変化する。しかし、ビッグバン直後の短い期間を除くと、空間が膨張するスピードは、素粒子反応や核反応と比べてゆっくりしているので、与えられた温度でほぼ熱平衡状態に達し、そのまま温度変化に追随して準静的に状態が変わっていくことが多い（反物質消滅や元素合成の過程など、この仮定が成り立たないケースも一部にある）。

　そこで、宇宙論で必要となる範囲に限って、熱平衡状態の熱力学と統計力学を瞥見しておこう。

🌐 温度の重要性

　はじめに、温度について取り上げる。「温度とは何か」という根本的な問題は後回しにして、高校化学でお馴染みの化学平衡を基に、温度が変化する過程

で何が起きるかを示そう。

　一定の体積を持つ均一な媒質内部に、分子Aと分子B、さらに、この2つが化学反応で結合した分子ABが一様に混ざっている場合を考える。AとBが結合してABになる反応を正反応、ABがAとBに分解する反応を逆反応と呼ぼう。化学反応としては、この2つだけが起きると仮定する。

　物理学的には厳密でないものの、イメージをつかみやすくするため、次のような素朴な議論を行ってみる。

　化学反応は、分子が衝突する際に、ある確率で起きると考える。衝突の頻度は、分子の出会いやすさに関係しており、反応に関与する分子の濃度に比例するだろう。衝突したときに反応が起きる確率は、衝突の仕方や分子が持つエネルギーなどに依存するが、すべての分子について統計的な平均をとれば、どの方向から衝突するかといった個別的な状況を考慮する必要はない。巨視的に見てどんな変化が起きるかを決定するのは、全分子についての平均をとった統計的な値である。理想的なケースでは、こうした統計的な値は、分子の質量のような物理定数と、温度などの熱力学的な状態量で決まる。

　ここまでの話をまとめると、反応速度（単位時間に起きる反応数）は、次の式で表される。

正反応の速度　$v_\rightarrow = k_\rightarrow [A][B]$

逆反応の速度　$v_\leftarrow = k_\leftarrow [AB]$

　ただし、$[A][B][AB]$は、順に、分子A、B、ABの濃度を表す。また、$k_\rightarrow$と$k_\leftarrow$は、（理想的には）物理定数と熱力学的状態量だけで決まる反応速度係数である。

　仮に、分子ABがほとんどない状態から反応が始まったとすると、当初は、濃度項の寄与で正反応の速度が逆反応を上回るため、$[A]$と$[B]$が減少し、$[AB]$が増大する方向に反応が進む。この結果、$v_\rightarrow$が減って$v_\leftarrow$が増えることになり、最終的には、両者が等しくなる。このとき、化学反応は続いているが、正反応と逆反応の速度が等しいので、巨視的な変化は進行しない。これが、化学的な平衡状態である。

　平衡状態に達したとき、次式が成立する（$k_\rightarrow^{eq}$と$k_\leftarrow^{eq}$は、平衡状態での反応速度係数）。

$$k_{\rightarrow}^{eq}\,[\mathrm{A}]\,[\mathrm{B}] = k_{\leftarrow}^{eq}\,[\mathrm{AB}]$$

この式を、次のように書き換えよう。

$$\frac{[\mathrm{A}]\,[\mathrm{B}]}{[\mathrm{AB}]} = K \tag{5.1}$$

K は、正反応と逆反応の反応速度係数の比で、分子質量のような物理定数を別にすれば、平衡状態における統計的な状態量（後で述べるように、主に温度）だけで決まる量であり、平衡定数と呼ばれる。

以上の議論は厳密さに欠けたものだが、最終的に得られた(5.1)式は、かなりの精度で成り立つことが実験的に確かめられている。また、これと類似した式を理論的に導くことも可能である[★1]。

🌐 宇宙空間での平衡定数

宇宙空間でも、物質の反応は、化学反応と似た形で進行することが多い。化学反応の場合に担い手となるのは分子やイオンだが、宇宙空間では、時期によって、素粒子、原子核、原子や分子などがさまざまな比率で混在し反応する。

一例として、「宇宙の晴れ上がり」について説明しよう。ビッグバンから数十万年経った宇宙空間には、電子（e^-）・陽子（p）とこれらが結合した電気的に中性の水素原子（H）が存在し、次の反応式における右向きの結合過程と左向きの電離過程を頻繁に繰り返している。

$$e^- + p \rightleftharpoons \mathrm{H}$$

化学反応は、一般に空間膨張の影響を受けないほど速く進行するので、常に熱平衡状態にあると見なしてよい。宇宙空間には電離した電子・陽子および中性の水素原子しかないと仮定し[★2]、全陽子の数密度を n、電離した陽子の割合を表す電離度を x とすると、電離した陽子の数密度は nx、水素原子の数密度は $n(1-x)$ となる。また、宇宙空間は電気的に中性を保っているので、電離した

★1 … 厳密な議論では、数値的に濃度に近い「活量」なる量を導入し、(5.1)式の濃度を活量で置き換えた式が理論的に成り立つことを示す。ただし、宇宙論では平衡状態だけを問題とするので、導き方についてそれほど神経質になる必要はないだろう。

★2 … 実際にはヘリウム原子核も存在するので、その分を考慮する必要がある。

電子の数密度は、電離した陽子と同じくnxである。したがって、このときの平衡定数をKとすると、(5.1)式にしたがって、次式が成り立つ（これは、宇宙物理学でよく使われる「サハの式」を少し変形したものである）。

$$\frac{x^2}{1-x} = \frac{1}{n}K \tag{5.2}$$

Kもnも温度Tに依存して変化する。Kは統計力学によって計算することができ、nはフリードマン方程式と現在の物質密度を組み合わせて推測できる。Kやnの導き方は省略するが、こうして求めたK/nと、サハの式を解いて得られる電離度xは、図5-1のようになる（nに観測誤差に起因する数十パーセントの不定性があるため、グラフに大きな幅を持たせた方がよい）。

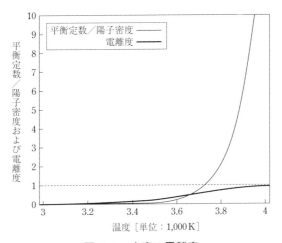

図 5-1 水素の電離度

4000度以上のときには、K/nが大きく電離度も1に近いが、温度が低下すると、K/nと電離度はともにゼロに漸近する[★3]。図5-1に示したように、宇宙空間の温度が3700度前後のとき、（$K/n = x = 0.5$となって）半数の陽子が電離している。ビッグバンの高温状態から冷えてきた宇宙空間は、ビッグバン後38万年となるこの時期を過ぎると、電離していた電子・陽子が結合して電気的に

★3 … 温度の狭い範囲で平衡定数のグラフが大きく変動するのは、後で紹介するボルツマン因子（(5.5)式）が含まれるから。水素原子の電離の場合、この因子は$\exp(-\chi/kT)$（χ：電離エネルギー、k：ボルツマン定数）であり、数値を代入すると$\exp(-158/T)$となる（Tを1000度単位で表した）。この因子は、Tが小さくなると急速にゼロに近づく。

中性の原子ばかりになる。中性原子は、自由に動き回る荷電粒子と異なって光を散乱しないので、電離した電子・陽子の消失は、光が散乱されず直進するようになることを意味する。この現象を「宇宙の晴れ上がり」と言う。この時期に放出され、百億年あまりにわたって直進してきた光が、現在、宇宙背景放射として全天に満ち地球に降り注いでいる。

　宇宙空間の温度は、水素の電離に限らず、どんな素粒子反応や核反応が起きるかを決定する。初期宇宙における温度変化を調べることがいかに重要か、わかるだろう。ここ半世紀ほどの間に「初期の宇宙で何が起きたか」に関する知見が大幅に増大したのは、宇宙に熱力学を適用した成果である。

🌐 温度とは何か

　そもそも温度とは何なのか？

　日常生活で温度は「熱い／冷たい」といった知覚と結びつく。だが、この知覚は熱の流れが皮膚に与える生理的効果に由来するもので、温度の物理的な性質そのものではない。先回りして答えを言ってしまうと、物理学者が想定する温度は、保存量が統計的システムの要素に分配されるときの指標として定義される。

　保存量とは、何らかの法則によって値が一定に保たれる物理量のことであり、物理学的に厳密な保存則は、一般に、ネーターの定理（第1章参照）によって対称性から導かれる。この保存量が、多数の構成要素の間でランダムにやりとりされる場合、統計的な性質に基づいて、分配の仕方に数学的な規則性が生じる。この規則性を表すための指標が、温度なのである。

　物理的なシステムで確実に保存される物理量は限られており、通常は、エネルギーが取り上げられる。第1章で説明したように、エネルギー保存則は、時間が経過しても物理法則が変わらないという性質（時間に対する並進対称性）を基に、ネーターの定理を使って導ける。このため、孤立した物理的システムでは常にエネルギー保存則が成り立つ。

　古典的なシステムの場合、孤立したシステム内部のエネルギーは、常に総量が一定の値となる（宇宙空間のように、一般相対論で記述される古典的でないシステムについては、§5-2で論じる）。一定値を保つエネルギーが、システムを構成する多くの要素の間でランダムにやりとりされるものとしよう。当初

は、エネルギーの分配の仕方に偏りがあり、特定の部分にエネルギーが集まっていたり、極端にエネルギーの乏しい領域があるのがふつうだろう。しかし、エネルギーのやりとりがランダムな場合、時間が経つにつれて偏りは均されていき、しだいに統計法則に基づいて定まる特定の分布に漸近する。こうしたエネルギー分布の形を決める指標が、物理学者の想定する温度 T である。

🌐 マクスウェルの速度分布論

　統計的システムの平衡状態において、エネルギーがどのように分配されるかを具体的に解明した最初のケースが、マクスウェルによる気体分子の速度分布論である。この理論は、温度とは何かを明確に示すわかりやすい具体例となるので、最初に紹介したい。

　マクスウェルが注目したのは、平衡状態に達して速度分布が時間に依存しなくなった段階での速度分布関数である。分子同士の相互作用が無視できる理想気体（単原子分子）に限定して考えよう。

　速度の x 成分が v_x から $v_x + dv_x$ の間にある分子の割合を、$f(v_x)\,dv_x$ と表すことにする。物理法則が空間の方向に依存しないならば、y 成分と z 成分の速度についても、同じ関数 f を使って分布が表せる。気体分子の個数が充分に多い場合は、「速度が特定の範囲内にある分子の割合」と「ある分子の速度がその範囲に入る確率」は同じと見なされるので、以後は確率や確率密度（積分すると確率になる量）という用語を使う。

　容器内に封入された多数の気体分子が平衡状態にあるとき、ある分子が $v_x \sim v_x + dv_x,\ v_y \sim v_y + dv_y,\ v_z \sim v_z + dv_z$ の範囲の速度を持つ確率は、次式で与えられる。

$$f(v_x)\,f(v_y)\,f(v_z)\,dv_x dv_y dv_z$$

　ここで、平衡状態に達してエネルギーの偏りがなくなった気体の特徴として、速度分布が空間座標の反転や回転に対して不変であるという条件を課すと、純粋に数学的な手法によって、$f(v_x)$ が v_x^2 の指数関数でなければならないことが導かれる（条件の妥当性や指数関数になることの証明は、マクスウェルが細かく議論しているが、かなり煩雑なので省略する）。きわめて高速で動く分子の割合は小さいはずなので、指数関数における v_x^2 の係数は負でなければな

らない。

$$f(v_x) \propto \exp\left(-av_x^2\right)$$

したがって、速度分布関数は、次式で与えられる。

$$C \exp\left(-av_x^2 - av_y^2 - av_z^2\right) \tag{5.3}$$

ただし、aとCは、今の段階では未知の定数である。

🌐 気体のエネルギー分布

　重要なのは、マクスウェルが得た速度分布関数(5.3)が、同時にエネルギー分布関数にもなっていることである。

　単原子分子理想気体の場合、気体分子が持つエネルギーとして、ニュートン力学の範囲では並進による運動エネルギー$\tilde{E}$だけを考えればよい（後々の便宜のため、Eにチルダ~を付けた記号で運動エネルギーを表した）。ただし、

$$\tilde{E} = \frac{1}{2}m\left(v_x^2 + v_y^2 + v_z^2\right)$$

である。分子の質量mも（単位の換算係数であるc^2を付ければはっきりするように）エネルギーの一種だが、化学反応が起きなければ、個々の分子の質量は不変なので、「エネルギーがどのように分配されるか」を問題とする統計力学で考慮する必要がない。

　速度分布を表す(5.3)式は、同時に、平衡状態にある気体分子のエネルギー分布がどのようになるかも表している。式の形からわかるように、aの値が大きくなると、運動エネルギーの大きな分子の割合が減少し、aが小さくなると増大する。つまり、未知定数aは、統計的なシステムでエネルギーがどのように分配されるかを表す指標であり、温度Tと結びつけられるべき量である。日常的な現象（例えば、高温になると低温では見られない化学反応が起きる）から推測できるように、温度が高いほどエネルギーの大きな分子の割合が増えるので、温度Tをaの逆数として定義するのが自然である。

　温度が運動エネルギーの分布を表す指標だという観点から、(5.3)式に現れる指数関数の引数が運動エネルギー$\tilde{E}$と温度Tの比になるように書き直そう。

$$C \exp \left(-\frac{1}{2} m \left(v_x^2 + v_y^2 + v_z^2 \right) / kT \right) = C \exp \left(-\frac{\tilde{E}}{kT} \right) \tag{5.4}$$

k は、1気圧での水の沸点や融点を基に人為的に決められた温度の単位（[度（deg)]）を、エネルギーの単位（[J]）に換算するための係数であり、ボルツマン定数と呼ばれる。

(5.4)式で注目すべきは、統計的なシステムが平衡状態に達したときのエネルギー分布が、

$$\exp \left(-\frac{E}{kT} \right) \tag{5.5}$$

（運動エネルギー $\tilde{E}$ の代わりに、一般的なエネルギーを表す E を用いた）という因子——ボルツマン因子——を使って表されることである。エネルギーがボルツマン因子に応じて分配されるとき、そこに含まれる T が分配の規則性を定める指標であり、平衡状態の温度と見なされる。

全体の係数となる C を決定するには、「分子が特定の速度を持つ確率密度」という速度分布関数の特性を利用する。この特性によれば、速度分布関数を速度の全領域で積分すると「分子が何らかの速度を持つ確率」となるので、積分値は1と等しくなる。

$$1 = \int_{-\infty}^{+\infty} C \exp \left(-\frac{1}{2} m \left(v_x^2 + v_y^2 + v_z^2 \right) / kT \right) dv_x dv_y dv_z$$

ここで、よく知られた積分公式

$$\int_{-\infty}^{+\infty} \exp \left(-ax^2 \right) dx = \sqrt{\frac{\pi}{a}} \tag{5.6}$$

を使うと、C が次のように求められる。

$$C = \left(\frac{m}{2\pi kT} \right)^{\frac{3}{2}}$$

速度分布関数は、次式で定義される各成分ごとの速度分布関数 f の積 $f(v_x) f(v_y) f(v_z)$ となる。

$$f(v) = \left(\frac{m}{2\pi kT} \right)^{\frac{1}{2}} \exp \left(-\frac{1}{2} mv^2 / kT \right)$$

f は、引数となる速度成分に関して $-\infty$ から $+\infty$ まで積分すると1になるような確率密度関数である。

　参考のため、代表的な単原子分子気体であるヘリウム（ガス）の1成分速度分布関数 $f(v)$ を描いておく（図5-2）。温度が高いほど、高速で運動する分子の割合が増すことに注目。

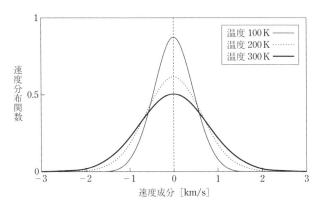

図 5-2　ヘリウム原子気体の速度分布関数

　この速度分布関数を使うと、1個の分子が持つ運動エネルギー $\tilde{E}$ の平均値が計算できる。全分子について平均をとる操作を〈　〉を付けて表し、どの方向でも速度分布が同じことを利用して、次のように式変形しよう。

$$\langle \tilde{E} \rangle = \frac{1}{2} m \langle v_x^2 + v_y^2 + v_z^2 \rangle = \frac{3}{2} m \langle v_x^2 \rangle \tag{5.7}$$

ただし、

$$\langle v_x^2 \rangle = \int_{-\infty}^{+\infty} v_x^2 \times \left(\frac{m}{2\pi kT} \right)^{\frac{1}{2}} \exp\left(-\frac{1}{2} m v_x^2 / kT \right) dv_x \tag{5.8}$$

である。

　積分公式

$$\int_{-\infty}^{+\infty} x^2 \exp\left(-ax^2 \right) dx = \frac{1}{2} \sqrt{\frac{\pi}{a^3}}$$

を使えば直ちに計算が遂行でき、次式を得る（この公式は、(5.6)式の両辺を a で微分すれば得られる）。

$$\langle \tilde{E} \rangle = \frac{3}{2} kT \tag{5.9}$$

🌐 理想気体の状態方程式

圧力項のあるフリードマン方程式を解くには、圧力とエネルギー密度の関係を求めることが必要になる。その際に参考になるのが、理想気体の状態方程式である。

気体分子があたかもビリヤードの球のように飛び回ると考える気体分子運動論を利用すると、1個の分子が持つ平均運動エネルギーを基に、多数の気体分子が及ぼす圧力を求めることができる。その求め方は、高校物理で詳しく説明されるので、ここでは、概略だけを簡単に述べるにとどめよう。

熱を伝えない平らな壁で囲まれた容器の内部に、質量mの気体分子が数多く封入され、熱力学的な平衡状態に達しているものとする。平衡状態という条件から、気体分子の数密度nや速度分布関数は、場所や時間によらず一定である。速度分布関数としては、マクスウェル分布を選ぶのが自然だが、ここでは関数形を限定せず、一般的な速度分布関数fを使う。

この気体分子が容器壁に完全弾性衝突すると仮定して、壁が受ける圧力を次の手順で求めてみよう。

(1) 衝突が起きる容器壁と直交する向きにx軸をとる。この壁に、x方向の速度成分$v_x\,(>0)$を持つ分子が完全弾性衝突すると、速度が反転して$-v_x$となる。運動量の変化は$2\,mv_x$であり、運動量変化と力積（衝突物体間に作用する力を時間積分した値）が等しいというニュートン力学の法則より、1回の衝突で壁に及ぼされる力積は$2\,mv_x$となる。

(2) 速度のx成分がv_xから$v_x + dv_x$の範囲にある分子の割合は、成分ごとの速度分布関数fを使えば、$f(v_x)\,dv_x$となる（速度のyz成分に関しては、範囲を限定しない）。速度成分がこの範囲にある分子のうち、ある時刻から単位時間のうちに壁に衝突するのは、壁からの垂直距離がv_x以内にある分子である（図5-3。単位時間としては、分子が他の面に衝突しない程度の短い時間を選ぶ）。単位時間・単位面積あたりの衝突数は、底面が単位面積、高さがv_xの角柱内部の分子数に等しい（壁に衝突する前に角柱の外側に出る分子もあるが、同じ割合で内側に入る分子がある）。分子の数密度nを使うと、衝突数は$nv_x f(v_x)\,dv_x$個となる。

(3) 力積と衝突数の積は、容器壁が持続的に受ける単位面積あたりの力、すな

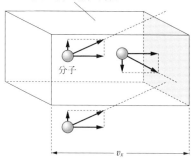

底面が単位面積の角柱

分子

v_x

図 5-3　容器壁に衝突する気体分子

わち圧力に等しい。速度成分v_xを持つ分子のみによる圧力は、$2\,nmv_x^2 f\,(v_x)\,dv_x$となる。

(4)　さまざまな速度を持つ分子の寄与を併せた全圧力p求めるには、速度のx成分を0から$+\infty$まで積分すればよい（衝突する分子は壁の片側だけから飛来するので、積分範囲を正に限定）。この積分は、速度のx成分の2乗平均$\langle v_x^2 \rangle$で表される。

$$p = 2\,nm \int_0^{+\infty} v_x^2 f\,(v_x)\,dv_x = nm \int_{-\infty}^{+\infty} v_x^2 f\,(v_x)\,dv_x = nm\,\langle v_x^2 \rangle$$

(5)　1個の分子が持つ運動エネルギー$\tilde{E}$の平均値を表す(5.7)式を使えば、圧力の式として$\frac{2}{3}n\langle \tilde{E}\rangle$を得る。(5.7)式からわかるように、係数の分母に表れる3は空間の次元数に由来する。また、分子1個あたりの平均運動エネルギー$\langle \tilde{E}\rangle$に数密度nを乗じたものを運動エネルギー密度$\tilde{\epsilon} \equiv n\langle \tilde{E}\rangle$と置くと、圧力と運動エネルギー密度の間の関係式が求められる。

$$p = \frac{2}{3}\tilde{\epsilon} \tag{5.10}$$

$\tilde{\epsilon}$は質量エネルギーmc^2を含んでおらず、一般相対論で使われる真のエネルギー密度ϵとは異なるため、チルダ記号 ~ を付けて区別した。

(5.9)式と(5.10)式を組み合わせると、有名な理想気体の状態方程式を得る。

$$p = nkT$$

ただし、宇宙論研究者は(5.10)式の方を状態方程式と呼ぶ。

　これまでの議論で、エネルギーがどのように分配されるかを決定する指標が温度であり、温度とエネルギーの間に何らかの関係式が成立すること（(5.9)式）、さらに、圧力とエネルギー密度が状態方程式で結ばれること（(5.10)式）を、気体分子運動論を例に示した。これ以降では、初期宇宙ではどのような式が成り立つかを導き、宇宙における熱力学を論じたい。

§5-2 光の支配する宇宙

　初期の宇宙は高温・高圧状態であり、フリードマン方程式の圧力項を無視することができない。本節では、圧力項を含む方程式の一般的な形を求めた上で、光が支配的になる時期のフリードマン方程式を考察する。

🌐 圧力を含む宇宙論の方程式

　一様等方な球面状空間（または、ユークリッド近似）のアインシュタイン方程式は、第3章で取り上げた。(3.8)式がその00成分である（括弧でくくった第2項を省略するのがユークリッド近似）。本書では、この式をフリードマン方程式と呼んでいる。

　一様等方性を仮定すると、アインシュタイン方程式の非対角成分はすべてゼロになり、かつ、空間に関する3つの対角成分は等しい。このため、アインシュタイン方程式から導かれる独立な方程式は2つだけであり、フリードマン方程式（(3.8)式）以外にもう一つ考えればよい。第3章では、00成分と空間成分を含む項を組み合わせて、エネルギー保存則に相当する(3.10)式を導いた。本節でも、フリードマン方程式とエネルギー保存則という2つの式を利用する。ページをめくる手間を省くため、(3.10)式を改めて書いておこう。

$$\dot{\epsilon} + \frac{3\dot{a}}{a}(\epsilon + p) = 0 \tag{3.10}$$

　2つの方程式に対して、未知数（宇宙標準時 t の関数として表される）は、スケール因子 a、エネルギー密度 ϵ、圧力 p の3つあるので、もう一つ式がなければ解くことができない。

　第3章後半では、宇宙には圧力を及ぼさない冷たい物質しか存在しないと仮定し、$p = 0$と置いた。このとき、(3.10)式は直ちに解くことができ、エネルギー密度ϵがスケール因子aのマイナス3乗に比例することが導かれる。冷たい物質の場合、エネルギー密度は質量密度と等しいが、共動座標で見て大きさが変わらない（＝物理的には、スケール因子と同じ割合で大きくなる）領域内部で質量が一定に保たれるため、密度が物理的な体積の逆数で減少するからである。

　初期宇宙を議論する場合、圧力は無視できず$p = 0$とは置けない。方程式を解くために必要とされるもう一つの式としては、圧力とエネルギー密度を結びつける状態方程式が使われる。ただし、理想気体の状態方程式$p = \dfrac{2}{3}\epsilon$が役に立つ局面はあまりない（後で説明する放射優勢期が終了した後の一時期に、物質の断熱膨張過程を理想気体におけるポアッソンの式で近似的に表すことがある）。

　宇宙論で頻繁に使われる状態方程式は、主に（$p = 0$の場合も含めて）次の3つである。

- $p = 0$　　（冷たい物質）
- $p = \dfrac{1}{3}\epsilon$　　（熱い物質／光）
- $p = -\epsilon$　　（暗黒エネルギー）

2番目に挙げた熱い物質／光の圧力については、この後すぐに説明する。暗黒エネルギーの説明は、第6章に回す。

　3つのケースは、$p = w\epsilon$とまとめることができる（$w = 0, \dfrac{1}{3}, -1$）。これを(3.10)式に代入すると、次の微分方程式を得る。

$$\frac{d}{dt}\{\log \epsilon + 3(1 + w)\log a\} = 0$$

　この方程式は直ちに解くことができ、エネルギー密度ϵとスケール因子aに関する次の関係式を得る。

$$\epsilon \propto a^{-3(1+w)} \tag{5.11}$$

　(5.11)式とフリードマン方程式（(3.8)式）を組み合わせて解けば、スケール因子、エネルギー密度、圧力が宇宙標準時tの関数として表される。

　それでは、熱い物質や光の圧力がエネルギー密度の1/3になることを説明しよう。

🌐 熱い物質のエネルギーと運動量

　温度が低い領域で熱平衡状態にある気体の場合、質量mの粒子が運動する速度vは光速c（議論をわかりやすくするため、換算係数のcをあらわに書く）よりも充分に小さいので、質量エネルギーmc^2に比べて運動エネルギー$\frac{1}{2}mv^2$が無視できる。圧力は粒子が動き回ることに起因するので、宇宙空間が冷え切った状況では、圧力をゼロと置ける。しかし、高温・高圧となるビッグバン直後では、この仮定は成り立たない。

　高温・高圧のときには、物質はバラバラになって、構成要素の粒子が飛び回る状態となる。ビッグバン直後の宇宙空間は、地球上でふつうに見られる電子や陽子だけではなく、さまざまな粒子（反粒子やストレンジハドロンなど）が飛び回っている。一様等方性が成り立つという前提の下での議論なので、場所による重力の違いはなく、速度vで運動する質量mの粒子のエネルギーEと運動量P（本書では運動量を大文字のPで表すので、圧力のpと混同しないように）は、自由粒子と同じく次の2式で与えられる[4]。

$$E = \frac{mc^2}{\sqrt{1-(v/c)^2}}, \quad P = \frac{mv}{\sqrt{1-(v/c)^2}}$$

　簡単に確かめられるように、EとPは次の関係式を（vの値によらず厳密に）満たす。

$$E^2 - (cP)^2 = \left(mc^2\right)^2 \tag{5.12}$$

　温度が高いときの粒子は、光速に近い速度で飛び回っており、エネルギーEの値が質量エネルギーmc^2よりかなり大きい。こうした状態にある粒子は、「相対論的粒子」と呼ばれる。相対論的粒子のエネルギーは、近似的にも質量エネルギーmc^2と運動エネルギー$\frac{1}{2}mv^2$の和として表せない。逆に、近似的になら和として表せるのが「非相対論的粒子」である。

★4 … この式の導き方は、第1章【数学的補遺1-1】に示してある。

　温度がきわめて高く速度がほぼ光速に等しいときには、E に比べて mc^2 が無視できる。本書では、このような粒子を「亜光速粒子」と呼ぶことにする（プラズマ物理などで「超相対論的粒子」と呼ばれるものだが、相対論の枠を超える訳ではないので、誤解を招かないように一般的でない用語を使わせていただく）。

　亜光速粒子の場合、エネルギーと運動量の関係は、近似的に次のように書くことができる。

$$E = cP \tag{5.13}$$

　この関係式を使うと、エネルギー密度と圧力の関係といった熱力学的な式が簡単に求められるので、便利である。

C O L U M N
亜光速粒子の運動量

　なぜ、速度が光速にほぼ等しくなると、粒子のエネルギーと運動量が一致するのか（(5.13)式右辺の c は、時間と空間の単位を換算するための係数なので、この式はエネルギーと運動量が等しいことを意味する）。その理由は、相対性理論が物理的に何を意味するかを考えると、自ずと明らかになる。

　相対性理論とは、時間と空間が同じような拡がりであると主張する理論である。時間と空間の違いは、時間1次元・空間3次元という次元数の差、および、計量を考えるときの符号の違い（空間部分がユークリッド的な時空の計量場ならば、g_{00} と $g_{11} = g_{22} = g_{33}$ の符号が逆になる）の2点である。

　重力による時空の伸縮が無視できるとして、時間と空間の座標軸を同じ単位で描くと、座標の原点にいる粒子が亜光速ならば、母線が時間軸に対して45度の傾きを持つ円錐（光円錐）の側面に沿うような運動を始める（図5-4；2次元の紙面に描く都合上、空間軸は2つだけとした）。子細に見れば、亜光速粒子は質量がゼロでないため、光円錐側面よりわずかに内側に入るが、質量に比べてエネルギーが大きく速度がきわめて光速に近いときには、円錐表面に沿うと見なしてよい。つまり、亜光速粒子の軌道は、時間軸と空間軸の中間に位置し、言うなれば、時間と空間の界面を進むことになる。

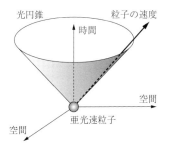

図 5-4　光円錐と亜光速粒子の運動

　エネルギーと運動量は、第1章§1-1で説明したように、ネーターの定理によって一定になることが保証される保存量である。エネルギーは、時間方向に移動しても物理法則が変わらないという時間方向の並進対称性から導かれ、運動量は、同じく空間方向の並進対称性から導かれる。エネルギーと運動量は、それぞれ時間と空間の対称性に由来する保存量なのである。相対論では、時間と空間が同等に扱われるので、時間と空間のちょうど中間地点となる光円錐上を進む光速粒子では、エネルギーと運動量が厳密に等しくなる（亜光速粒子では、ほぼ等しい）。

🌐 光が支配的な宇宙

　エネルギーと運動量が（ほぼ）等しい亜光速粒子が集まって気体のように振る舞うならば、熱力学的な扱いは比較的簡単になる。しかし、宇宙空間はビッグバン以降、刻々と温度が低下していくので、シンプルな(5.13)式が使える期間は、ごくわずかしかない。電子の場合、質量エネルギーが無視できるのは、ビッグバンからせいぜい1秒程度である。それ以降は、温度やエネルギー密度の低下とともに、質量エネルギーmc^2の寄与が表面化し、亜光速ではなくなる。同時に、エネルギー密度と圧力・温度の関係も、（すぐ後で導くような）簡単な式では表せず、議論が複雑になる。

　ただし、温度が下がっても、(5.13)式が成り立つ対象がある。それが光である。（第1章と第4章で言及した）光量子論によれば、振動数νの光は、エネルギー$h\nu$の塊（光量子）が集まった集団のように振る舞う[5]。光量子を光速で運

★5 … 物理学的に正確なことを言えば、光量子論は、電磁場が電子などとエネルギーのやりとりを

動する素粒子と見なしたものが光子であり、(5.13)式を使うと、光子の運動量 P は $h\nu/c$ となる。

　ある領域に閉じ込められた電磁波は、エネルギー $h\nu$、運動量 $h\nu/c$ を持つ光速粒子の理想気体として扱える。例えば、空洞共振器（電磁波を反射壁で囲まれた領域に閉じ込め、共振条件を満たす振動数の波だけが存在するようにした装置）は、光子気体を閉じ込めた容器と見なすことができる。エネルギーや運動量を持つ光子が容器壁に衝突すると、粒子の場合と同様に圧力を及ぼす。

　初期の宇宙ではエネルギー密度がきわめて高く、現在の恒星表面よりも遥かに強烈な光で満ちあふれていた。これらの光はバラバラな向きに伝播するので、ある面を考えたとき、右向きに通過する光と左向きに通過する光が同じ割合で存在するはずである。したがって、こうした光の統計的な性質を考える場合、完全反射を行う鏡に囲まれた容器内部の光子気体と同等になるはずである。

　もちろん、初期の宇宙には、高エネルギー電子など、光以外にもさまざまな素粒子が混在しており、厳密な計算を行う際には、それらの寄与も考慮すべきである。しかし、粗い近似ながらも、初期の宇宙について考えるための最初のステップとして、光だけを取り上げることは許されるだろう。

🌐 光の状態方程式

　フリードマン方程式に未知数として含まれるエネルギー密度 ϵ と圧力 p は、エネルギー保存則 (3.10) 式を満たす。したがって、ϵ と p の関係を表す状態方程式があれば、(3.10) 式と連立することで ϵ と p の両方が求められ、フリードマン方程式が解けるはずである。

　光子または他の亜光速粒子から構成された気体の状態方程式は、$p = \dfrac{1}{3}\epsilon$ になることが知られている（光の場合は厳密に。一般の亜光速粒子では質量をゼロと置いたときの近似として）。ここでは、議論をいたずらに複雑にしないために、光に限定して話を進めよう。

　光が放射圧（光圧、輻射圧）と呼ばれる圧力を持つことは、光量子の粒子的

する際に $h\nu$ が基本単位になるという主張であって、光が真空中を飛び回る粒子だという理論ではない。ただし、各光量子の位置を問題とせず、エネルギー分配のような統計的な性質だけに注目するならば、光量子をエネルギー $h\nu$ を持つ粒子のように扱うことも許される。

な性質が見出される以前にマクスウェルが理論的に求めており、20世紀初頭に実験によって確かめられた。現在では、太陽が放射する光の圧力をソーラーセイルに受ける宇宙ヨットの開発が進められている。

放射圧がエネルギー密度の1/3になることは、光についての基本的な関係式として有名だが、きちんと証明するのはかなり面倒である。この式が物理的に何を意味するかを納得してもらうために、まず、あまり厳密でない説明をしたい。

直観的にわかりやすいのは、非相対論的理想気体でエネルギー密度と圧力の関係式(5.10)を導いた手順を、光子気体の場合に置き換えることだろう。ただし、いくつかの変更が必要となる。

気体分子運動論では、分子が持つ速度のx成分v_xを使って、x軸に垂直な容器壁に衝突するときの運動量変化と衝突数の双方を求めた。ところが、光子気体では、振動数νのとき光子1個の運動量Pは$h\nu/c$となるのに対して、速度はcに固定される。そこで、気体分子運動論におけるv_xの代わりに、光子の進行方向がx軸に対してなす角度をθとし、これを使って運動量変化と衝突数を表すことにする。

また、速度分布関数の代わりに、振動数分布関数$n(\nu)$を考える。この関数を使うと、振動数がνから$\nu + d\nu$の間に入る光子の数密度（単位体積当たりの光子数）が$n(\nu)\,d\nu$で与えられる[★6]。

光を完全に反射する壁でできた容器の内部に光子気体が閉じ込められているとして、(5.10)式の直前で行った(1)〜(5)の説明を、次のように読み直していく。

(1)′　x軸に垂直な壁との衝突で作用を及ぼす運動量成分は$P\cos\theta$である。反射による運動量変化が力積に等しいと仮定する（厳密な議論ではない）と、1回の衝突で面が受ける力積は$2P\cos\theta$となる。

(2)′　x軸方向の速度成分は$c\cos\theta$であり、ある時刻から単位時間のうちに

★6 … 光子の個数を指定できるのは、コンプトン散乱のような（摂動論近似が通用する）ケースに限られる。一般のケースで、光子の個数を理論的に定義することはできない。本文では、仮に光子の数密度という言い方をしたが、正しくは、振動数νの光のエネルギー密度を$h\nu$で割った値である。また、偏光の自由度は、ここでは考慮しない。

壁に衝突するのは、壁からの垂直距離が $c\cos\theta$ 以内にある光子で、速度が壁に接近する向きのものである。したがって、振動数 ν の光子すべてが x 軸に対して角度 θ をなすとすると、単位時間に衝突する光子数は、単位面積あたり $c\cos\theta \cdot n(\nu)\,d\nu/2$ 個となる（2で割るのは、壁方向に接近するのが全光子の半分だから）。

(3)′ (1)′ の力積と (2)′ の衝突数の積として与えられる圧力は、$cP\cos^2\theta \cdot n(\nu)\,d\nu$ となる。

(4)′ 実際には、振動数 ν の光子の進行方向は、3次元空間内部で等方的になるので、角度について平均をとらなければならない。図5-5（あるいは第2章【数学的補遺2-1】の図2-9）に示したように、この平均は、x 軸に対する角度 θ と、x 軸の周りの角度 ϕ を用いた次の積分で求められる（壁に接近する光子だけを選んだので、平均をとる際の積分範囲が $\frac{\pi}{2}$ までに限られる）。

$$\langle\cos^2\theta\rangle = \frac{\int_0^{2\pi} d\phi \int_0^{\frac{\pi}{2}} \cos^2\theta\sin\theta d\theta}{\int_0^{2\pi} d\phi \int_0^{\frac{\pi}{2}} \sin\theta d\theta} = \frac{1}{3}$$

これより、振動数 ν の光子による圧力は、$cPn(\nu)\,d\nu/3$ となる。気体分子運動論の議論において、速度成分を $v_x = v\cos\theta,\quad v_y = v\cos\phi\sin\theta,\quad v_z = v\sin\phi\sin\theta$ として比較すれば、係数の 1/3 が空間の次元数に由来することがわかるだろう。

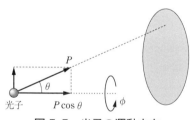

図 5-5 光子の運動方向

(5)′ 光子のエネルギー $E = h\nu$ は、運動量 $P = h\nu/c$ の c 倍となる。したがって、振動数 ν の光子による圧力は $En(\nu)\,d\nu/3$ である。すべての振動数の光子による全圧力を求めるには、この値を ν で積分すればよい。ここで、$\int_0^{+\infty} En(\nu)\,d\nu$ は、振動数 ν の光子のエネルギーに振動数ごとの数密度を乗じて積分したものなので、光のエネルギー密度 ϵ に等しい。こうして、光の圧力（放射圧）とエネルギー密度の関係式 $p = \epsilon/3$ が得られる。

　以上の議論は、完全な証明にはほど遠い。光子の運動量変化と力積をニュートン力学の関係式で結びつけることは、相対論や量子論の議論をすっ飛ばした粗雑な近似でしかない。だが、議論の流れが気体分子運動論と同等で、電磁場の特性を何も使っていないことはわかるだろう。実際、自由に運動する光速粒子の場合は、粒子の種類によらず、光と同じく、圧力がエネルギー密度の3分の1になるという関係が得られる。

　論点を大づかみにまとめておこう。光速粒子がすべて壁に垂直な方向に運動しており、壁では完全弾性衝突すると仮定すると、圧力は、個々の粒子の運動量に粒子の速度（＝光速）と数密度を掛けたものとなる。光速粒子では、運動量とエネルギーが（単位の換算係数となる光速 c を除いて）等しいので、全粒子の運動方向が壁に垂直ならば、圧力はエネルギー密度と一致する。実際には、運動方向は3次元空間内部で等方的になるため、平均をとることで係数に1/3が付く。

　この議論からわかるように、圧力とは、運動量の流れから導かれる量である。圧力を定義するには、気体内部に力を受ける壁面を想定する必要がある。これに対して、運動量の流れは、壁面なしに気体だけで定義可能なので、圧力よりも運動量の流れに基づく議論の方が、より本質的である。

　光速に近い速度で自由に運動する亜光速粒子も、近似的に $p = \epsilon/3$ という関係を満たす。ただし、光以外の粒子の場合、「エネルギーが充分に大きくないと、質量エネルギーの寄与が無視できない」「粒子同士の相互作用が存在する」──などの理由で、常に $p = \epsilon/3$ と置ける訳ではない。

🌐 エネルギー密度の時間依存性

　初期宇宙において、きわめて高温となった物質（「熱い物質」）は構成要素までバラバラになり、粒子がほぼ光速で飛び回る状態になる。温度が下がると、光以外の粒子については、$p = \epsilon/3$ からのずれが次第に大きくなる。しかし、実際にはエネルギーの大部分を光（および、事実上の光速粒子であるニュートリノ）が担っているので、初期宇宙では、圧力が常にエネルギー密度の1/3になるとしてかまわない。

　圧力がエネルギー密度の3分の1になることは、(5.11)式で $w = 1/3$ と置くことに対応する。この場合、一様等方宇宙でのエネルギー保存則によって、エネ

ルギー密度 ϵ がスケール因子 a の4乗に反比例するとわかる。

$$\epsilon \propto a^{-4} \tag{5.14}$$

「(5.14)式は物理的に何を意味するか」という問いは後回しにして、このとき
フリードマン方程式の解がどうなるかを調べよう。

調べると言ったが、ユークリッド近似に限れば、新たに計算する必要はない。
すでに、第4章【数学的補遺4-1】で $\epsilon \propto a^{-3}$ のケースを求め(4.9)式にまとめて
あるので、そこでの a^{-3} の項を a^{-4} に置き換えれば、光だけの宇宙の式が得ら
れる。

$$t(z) = \int_0^{t(z)} dt = \int_0^{\frac{1}{1+z}} \frac{d\zeta}{H\zeta\sqrt{\Omega_\Lambda + \Omega_R/\zeta^4}} \tag{5.15}$$

H はハッブル定数、z は赤方偏移、$t(z)$ は赤方偏移 z の光が放出された時刻(ビッ
グバンを起点とする)である。また、保存される質量 M から導かれる Ω_M の代
わりに、別の定数 Ω_R を新たに導入した。

(5.15)式を積分するよりも、この式が宇宙のごく初期に適用されることを考
慮して近似した方が有用である。この時期は、赤方偏移 z がきわめて大きく変
数 ζ がゼロに近いので、(5.15)式における被積分関数の分母で $1/\zeta^4$ の掛かった
項が支配的になる。この項からの寄与のみを考慮すると、(5.15)式の積分は、
次のように書き直される。

$$Ht(z) \approx \frac{1}{\sqrt{\Omega_R}} \int_0^{\frac{1}{1+z}} \zeta d\zeta = \frac{1}{2\sqrt{\Omega_R}} \left(\frac{1}{1+z}\right)^2 = \frac{1}{2\sqrt{\Omega_R}} \left(\frac{a(t)}{a(t_P)}\right)^2$$

最後の変形には、(4.6)式を用いた(t_P は現在の時刻。また、(4.6)式の t_0 は
光が放出された時刻で、(5.15)式の $t(z)$ に当たる)。

これより、宇宙の初期においては、ビッグバンからの経過時間がスケール因
子 a の2乗に比例する。一方、(5.14)式で示したように、エネルギー密度 ϵ が a
の4乗に反比例するのだから、

$$\epsilon \propto t^{-2} \tag{5.16}$$

という関係が成立する。

🌐 光子気体の断熱膨張

　ここで改めて、光のエネルギー密度がスケール因子の4乗に反比例するという(5.14)式の物理的な理由を問題としたい。

　圧力のない冷たい物質だけが存在する場合、共動座標で見て特定の範囲に含まれる質量が保存される。この空間領域の物理的な体積はスケール因子aの3乗に比例して膨張するので、質量密度がaの3乗に反比例して減少することは、直観的に理解できる。それでは、光の場合に、エネルギー密度の変化を表す式に、さらに$1/a$が掛かるのはなぜか。

　共動座標の特定領域を考えた場合、どの部分も均質な一様等方空間という前提があるので、領域外部との間で熱などのエネルギーをやりとりすることはない。したがって、空間が物理的に膨張する過程は、領域内部にある光子気体の断熱膨張に相当する。そこで、気体の断熱膨張と比較してみよう。

　熱の出入りのないシリンダー内部に封入された気体があり、ピストンを準静的に引き出した場合、熱力学第1法則（$dU = d'Q - pdV$）があるので、気体が持つ内部エネルギーの減少分（$-dU$）は、ピストンに圧力を加えながら押し出したことによる仕事（pdV）に等しい。この仕事は、シリンダー外部に移動するエネルギーを表す。しかし、空間全体の膨張に伴う光子の断熱膨張では、領域外部に対する仕事はない。

　思い出していただきたいのは、ニュートンの重力理論における重力ポテンシャルが、一般相対論では、計量場の成分に含まれることである（例えば、第1章(1.12)式と、その前後の議論を見よ）。素朴に考えれば、断熱膨張の際に放射圧によってなされた仕事が、重力のポテンシャルエネルギーとして、空間内部に蓄えられたと言いたくなる。

　しかし、こうした素朴な見方を、一般相対論のような古典論の常識が通用しない分野に当てはめることは、必ずしも適切ではない。ニュートン力学やマクスウェル電磁気学では、エネルギーを、姿を変えながらも総量が一定に保たれる"活力（vis viva）"としてイメージすることが許された。ところが、一般相対論をはじめとする現代的な物理学において、エネルギー保存則は、時間の並進不変性を基にネーターの定理を使って導かれるものである。ネーターの定理が保証するのは、(3.10)式のように微分方程式で表された保存則であり、総量が一定の活力が存在するという主張ではない。

　本章ではここまで、光の状態方程式を導くのに、光子が容器壁に衝突して力を及ぼすという力学的な議論を行ってきた。しかし、光（あるいは、一般に光速で伝播する波）に限定するならば、衝突や仕事といった力学の道具立ては必要ない。相対論的な座標変換だけで、状態方程式が導ける。

　数式を用いた議論は章末の【数学的補遺5-1】で示すが、そこで使うのは、光を閉じ込めたシリンダーと、光を完全に反射する鏡製のピストンである（図5-6）。ピストンを一定速度でシリンダーから引き出す場合を考えよう。ピストンと同じ速さで運動する観測者Sからすると、ある振幅の光がピストンに当たって同じ振幅で反射される通常の完全反射現象に見える。ところが、同じ現象が、シリンダーに対して静止しピストンが動いて見える観測者Kにとっては、動く鏡に反射されたことで反射波の振幅が小さくなり、反射波のエネルギーは入射波に比べて減少するように観測される。観測者Kは、この減少分を基に、放射圧の大きさを導く（＝状態方程式を求める）ことができる。

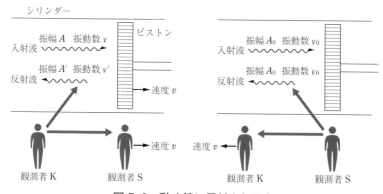

図 5-6　動く鏡に反射される光

　古典論で解釈すると、動く鏡で反射されたことによるエネルギーの減少は、光がピストンに力を及ぼし力学的な仕事をしたことに起因する。しかし、相対性理論の立場からすると、観測者Kが見る「動く鏡に光が反射されて振幅が小さくなる過程」と、観測者Sが見る「静止した鏡に反射され振幅が変わらない過程」は、同一の物理現象を異なる立場から観測したことになり、どちらかが物理学的に正当な記述だという訳ではない。

　ここで、図5-6からシリンダーとピストンを消した状況を想像していただきたい。このとき、観測者Sから見ると、同じ振幅の光が右向きと左向きに伝播

する（この2つが入射波と反射波の関係にあることは、振幅の関係だけを論じ
るときには顧慮しなくてもかまわない）。一方、Sが動いて見える観測者Kに
とって、2つの光の振幅は異なる。この振幅の差違は、座標変換の式だけを使っ
て導くことができ、減少したエネルギーがどうなったかという力学的な議論は
必要ない。

　以上の議論を宇宙論に応用するならば、観測者Sは、共動座標の同じ地点に
静止する立場を表す。Sにとって、高温の宇宙空間に満ちあふれる光は、どの
方向からも同じように伝わってくる。振幅の平均値は、方向によらない。しか
し、Sから少し離れた観測者K（やはり共動座標の同じ地点に静止する）から
見ると、Sは自分から遠ざかる方向に動いており、Sの近くを行き来する光の
振幅は、視線方向の速度成分が接近か離反かによって異なる。K（および共動
座標で静止するすべての観測者）からすると、方向による振幅の違いが、全天
のあらゆる領域で生じており、これが、エネルギー密度の急速な（スケール因
子aの3乗ではなく4乗に反比例する）減少の原因となっている。

　こうした説明がわかりにくいと感じるならば、それはおそらく、「エネルギー
は姿を変えても総量が一定に保たれる」「力を加えて物体を移動することで力
学的な仕事が行われる」というニュートン力学の常識が頭に染みついて、一般
相対論の世界観に馴染めないからだろう。エネルギー保存則とは、時間の並進
対称性から導かれる保存則であり、一様等方空間が膨張するケースでは、(3.10)
式で尽くされる。それ以上の何かをイメージすると、混乱するだけである。

🌐 ステファン゠ボルツマンの法則

　これまでの議論で、光が支配的な宇宙におけるスケール因子とエネルギー密
度の時間変化が求められた。しかし、これだけでは、宇宙空間でどんな反応
（素粒子反応・核反応・化学反応）が起きるかという興味深い問いに答えるこ
とができない。この問いに答えるには、温度Tの値が決定される必要がある。

　すでに説明したように、温度とはエネルギーがどのように分配されるかを示
す指標である。したがって、時空とエネルギー密度・圧力の関係を表すアイン
シュタイン方程式と、圧力とエネルギー密度の関係を表す状態方程式だけで
は、温度を求めることはできない。エネルギーの分配に関する統計力学的な議
論が欠かせない。

　エネルギーの分配がどうなるかは、エネルギーの担い手が有する物理的な性質が関与するので、さまざまな種類の物質が存在する場合は、それらすべての性質を論じなければならず、議論が煩雑になる。しかし、光（あるいは熱い物質）だけが存在すると仮定した場合は、温度とエネルギー密度を結びつけるシンプルな法則があるので、温度を直ちに求めることができる。それが、ステファン＝ボルツマンの法則である。

　ステファン＝ボルツマンの法則とは、熱平衡状態にあるとき、光のエネルギー密度が温度の4乗に比例するというもの。この法則を証明するには、(1)圧力とエネルギー密度の関係 $p = \epsilon/3$ と熱力学第1および第2法則を使う、(2)粒子数が変化するギブス分布の公式で化学ポテンシャルをゼロと置いて積分する――という2つの方法が教科書などで紹介されているが、いずれもかなり難しいので、導出過程の説明は【数学的補遺5-2】に回し、ここでは、結論だけ書いておこう。光の場合、エネルギー密度 ϵ と温度 T は、次の関係式を満たす。

$$\epsilon = a_R T^4 \tag{5.17}$$

　放射定数 a_R（スケール因子と区別するため、添え字 R をつけた）は次式で与えられる。

$$a_R = \frac{8\pi^5 k^4}{15c^3 h^3}$$

　ステファン＝ボルツマンの法則を証明する2つの方法のどちらも、エネルギー密度が温度の4乗に比例することを導く過程で、電磁場の特性を何も使わない。したがって、相互作用が小さい亜光速粒子の集団では、一般に $\epsilon \propto T^4$ という関係が近似的に成立する。ただし、比例係数は、粒子の種類によって異なる。

　地球上で見られる物質のほぼすべては、質量エネルギーに比べて運動エネルギーが遥かに小さい非相対論的な状態にある。これに対して、亜光速粒子が持つエネルギーは質量エネルギーの寄与が無視できるほど大きく、その集団の温度はきわめて高い（実際に何度になるかは粒子の質量に依存しており、§5-3でいくつかの例を示す）。こうした粒子の集団が、光とともに初期の宇宙を支配した熱い物質である。

　一言、注意をしておこう。法則を導く際には、「熱平衡状態にある」という

条件が必須である。ところが、光だけしか存在しない場合、光同士は相互作用しないため、熱平衡状態には決して達しない。

実は、明示的に述べなかったが、初期宇宙の高温状態では荷電粒子が必然的に存在し光の熱力学的現象に関与する。ごく初期には、粒子・反粒子の対生成・対消滅（後述）が頻繁に起きるため、荷電粒子のペアでできたり消えたりしていた。それ以降も、荷電粒子がほぼ消失する「宇宙の晴れ上がり」までは、電子や陽子が対消滅で完全に消え去らずに残留し、光と相互作用している。

エネルギー密度の大部分を光が担っているため、初期宇宙の大局的な振る舞いに荷電粒子が直接関わることはない。しかし、荷電粒子が存在することで、これらを介して光がエネルギーを頻繁にやりとりするようになり、結果的に、熱平衡状態が達成されるのである。

🌐 初期宇宙の温度変化

フリードマン方程式やエネルギー保存則と光子気体の状態方程式から導いた(5.14)・(5.16)式を、ステファン゠ボルツマンの法則（(5.17)式）と組み合わせると、温度Tとスケール因子aや時間t（ビッグバンを起点とする宇宙標準時）の関係が直ちに求められる。

$$T \propto \epsilon^{\frac{1}{4}} \propto a^{-1} \propto t^{-\frac{1}{2}} \tag{5.18}$$

それぞれの関係式の比例係数は、いくつかの仮定を置いた上で、理論的に導かれる。

§5-3 物質世界の誕生

圧力項が無視できない初期宇宙においても、フリードマン方程式を解くことにより、温度や圧力が時間とともにどのように変化したかが求められる。必要なのは、圧力とエネルギー密度に関する状態方程式と、温度とエネルギー密度の関係式であり、光（あるいは光速粒子）ならば、どちらも既知である。したがって、光（および他の光速粒子）の寄与が支配的となるいわゆる「放射優勢

期」ならば、温度・圧力の時間変化は計算可能である。

　放射優勢期であるためには、温度が10^4度よりかなり高いことが必要であり、ビッグバンから5万年足らずの初期に限られる。ビッグバンから現在に至るまでの100億年あまりの歴史に比べると、ごく短い期間でしかない。期間が短いため、大局的な時空構造に関して、初期宇宙における変化はそれほど重要ではない。

　しかし、宇宙における物質を考える場合、この短い期間が決定的な重要性を持つ。物質はなぜ存在し、その組成はいかにして決まったか——そうした問いに答えるためには、初期宇宙でいかなる反応が起きたかを調べなければならない。

　残念ながら、いまだに答えが得られない問いも多い。現在の宇宙空間に物質ばかり存在して反物質がごくわずかしか存在しない理由について、かなり有力な学説が提案されているものの、定説と言える段階にはない。ビッグバンの瞬間に何が起きたかについては議論が紛糾しており、なかなか決着がつきそうにない。

　とは言え、ここ半世紀ほどの間に、初期宇宙における元素合成や原子の誕生についての研究は格段に進み、相当部分が明らかになっている。この§5-3では、明らかになった部分について説明していこう。ただし、その内容を数式で示すには、素粒子論や原子核理論に関する充分な予備知識が必要になるため、おおよその結果を瞥見するにとどめる。

🌐 ビッグバン直後

　現代物理学の考えによれば、あらゆる物理現象は、時空のすべての地点にあまねく存在する場によって担われる。こうした場としては、時空の伸縮を表す計量場（重力場）とそれ以外の場という2種類があり、計量場以外の場は、すべて量子化されたものとして扱われる。計量場も量子化されると推測されるが、どのようにして量子化すれば良いのかわかっていない。

　「場の量子化」とは何かを詳しく説明する余裕はないが、掻い摘まんで言うと、不確定性原理によって場の値が確定しないことを出発点として、場の性質を古典論から拡張する手法である。場の不確定性が満たすべき制約（不確定性関係）によって場の振動パターンが限定され、その結果として、特定の共鳴状

態が安定する。光量子は、電磁場に生じる安定な共鳴状態であり、$h\nu$（ν：振動数）は共鳴状態が持つエネルギー（共鳴エネルギー）を表す。

　電磁場以外にも、さまざまな場が存在する。光の場合、共鳴状態となる光量子は静止させられず、常に光速で動き回るが、電磁場以外の多くの場は、静止した領域内部で共鳴が生じ得る。ある領域に閉じ込められたエネルギーは、その領域が静止して見える外部の観測者からすると、（単位換算のために必要な係数 c^2 を別にして）質量として観測される。このため、場の共鳴状態は、外から見ると、一定の質量を持つ粒子のように振る舞う。電子やクォークのような素粒子、あるいは、陽子や中性子のような複合粒子の正体は、こうした静止可能な共鳴状態である。

　ビッグバンの直後には、すべての場が巨大なエネルギー密度を持つ。沸騰する熱水のように激しく振動する場は、さまざまな共鳴状態を作り出す。こうして、無数の素粒子が激しく動き回る混沌の世界が生まれる。しかし、空間の膨張とともにエネルギー密度が低下すると、質量を持つ素粒子（および複合粒子）の大半が消えていく。

　質量 m を持つ粒子の場合、(5.12)式に示したように、エネルギー E は、

$$E = \sqrt{m^2c^4 + c^2P^2}$$

となる。光のエネルギー密度が低下するのに伴って粒子の持つエネルギーも減り、運動量 P は減少する。しかし、質量 m は共鳴エネルギーに由来する量なので、粒子が別のものに変わらない限り維持される。より質量の小さい粒子に変化する反応経路があるならば、その反応が起きて元の粒子は消滅する。

　粒子が消滅する反応には、重い（＝質量の大きな）粒子がいくつもの軽い粒子に崩壊するケースや、粒子が反粒子と衝突して対消滅を起こすケースがある。例えば、2012年に発見されたヒッグス粒子は、陽子のおよそ130倍の質量を持つ重い素粒子だが、すぐにウィークボソンと呼ばれる質量が陽子の80〜90倍の素粒子などを経て、クォーク、電子、ニュートリノ（中性子が陽子に変換されるベータ崩壊などに関与する素粒子で、ほとんど質量を持たない）などに崩壊する。

　ビッグバン直後に誕生した無数の素粒子のうち、相対的に重いものは、エネルギー密度の低下に伴って次々に軽い粒子へと崩壊し、宇宙から消えていく。最終的に何が残るかは、粒子と反粒子の性質の違いによって決まる。

🌐 反物質の消滅

　量子化される場には、2つのタイプがある。1つは、ボース゠アインシュタイン統計という統計法則（説明は省略）に従う場で、そこに共鳴状態として生じる粒子は、ボース粒子と呼ばれる。一方、フェルミ゠ディラック統計に従う場は、フェルミ粒子を生じる。

　ボース粒子は、個数についての制限がない。素粒子反応では、利用できるエネルギーの量に応じて、いくつものボース粒子が生まれたり消えたりする。ヒッグス粒子やウィークボソンのような重いボース粒子は、さまざまな反応経路を経て、より軽い粒子へと崩壊する。現在知られているボース粒子のうち、温度が絶対零度近くまで低下しても消えず、自由に飛び回る粒子として残れるのは、質量ゼロの光子（光量子）しかない。

　一方、フェルミ粒子の場にエネルギーを注入すると、必ず、粒子と反粒子という2つの共鳴状態がペアで生じる。これを対生成という。逆に、粒子と反粒子が衝突したときには、両方とも消える対消滅が起きる。対消滅の際には、光子や軽いボース粒子がいくつも誕生するので、エネルギー保存則は破られない。フェルミ粒子が単独でいくつかのボース粒子に崩壊することは、原理的に不可能である。

　フェルミ粒子である電子・ニュートリノ・クォークなどには、反電子（物理学者は「陽電子」という紛らわしい用語を使いたがる）・反ニュートリノ・反クォークなどの反粒子が存在する。反粒子は、粒子と質量が同じで電荷が反対になるが、フェルミ゠ディラック統計に従うという点では、同じくフェルミ粒子である。

　クォークは、自由粒子として単独で存在することはなく、必ず何個か集まって複合粒子を作る。3個のクォークが集まり、グルーオンを介した相互作用によって結合した複合粒子が、陽子と中性子である（これ以外にも、クォークが結合してできたハドロンと呼ばれる複合粒子が何種類も存在する）。陽子と中性子の構成要素となるクォークが反クォークに置き換わったものが、反陽子・反中性子であり、これらが電気的な相互作用で反電子と結合して集まったものが、反物質である。高エネルギー反応によって反物質が生成可能であることは実験で確認済みだが、宇宙のどこかに反物質が集積していることを示す観測データはなく、理論物理学者は、反物質天体のようなものは存在しないと推測

している。

　空間膨張によって温度が下がると、より小さなエネルギーを持つ状態に変化しようとして、対消滅がさかんに起きる。もし、宇宙に存在する粒子と反粒子の個数が完全に等しければ、すべての粒子・反粒子がなくなるまで対消滅が続き、天体を作るための素材が宇宙から消えてしまう。しかし、人類が住む「この宇宙」では、こうした破滅的な事態は起きなかった（あるいは、無数にある宇宙の中で、破滅的な事態が起きない宇宙にだけ知的生命が誕生すると考える方が、正しいのかもしれない）。

　対消滅によってすべての素材が消え去らずに済んだのは、粒子と反粒子の対称性が厳密でなかったからである。素粒子反応では、関与するすべての粒子と反粒子を入れ替えた反応は基本的に起こり得るが、粒子と反粒子の対称性が厳密でないと、反応が生じる確率が完全には一致しないこともある。対生成と対消滅の場合、粒子と反粒子は、必ず同じ数だけできたり消えたりする。しかし、より一般の素粒子反応では、粒子と反粒子の個数に差が生じたとしても、物理学の原理に矛盾しない。

　例えば、電子がクォークとの衝突などを経て反陽子に変わる反応が起きるとすると、反電子が反クォークとの衝突などを経て陽子に変わる反応も起こり得る。だが、2つの反応の起きる確率が、完全に一致しなければならないという原理はない。もし、実際に反応確率に違いがあるならば、初期宇宙の歴史の中で、ある瞬間に反電子よりも電子が、反陽子よりも陽子が多いこともあり得る。

　粒子・反粒子の反応に関して完全な熱平衡状態に到達するならば、個数の違いがなくなるまで対消滅が進行するので、粒子と反粒子の差違はなくなる。しかし、反応確率が小さいため、この種の反応については完全な熱平衡状態に達することのないまま宇宙空間が膨張し続け、やがて密度が低下して素粒子の衝突頻度が小さくなる。そのとき、電子や陽子が反電子や反陽子よりも多いと、この差が解消されないままになってしまう。以後、電子と反電子、陽子と反陽子は対消滅によって数を減らしていくが、反電子や反陽子がなくなっても、なお電子と陽子は残る。こうして残された電子と陽子★7は、対消滅する相手がい

★7 … 正確に言えば、ニュートリノと反ニュートリノは残っており、これらと電子・陽子との相互作用によって、ビッグバンから0.01秒頃には、陽子と同程度の中性子が存在している。孤立した中性子はベータ崩壊によって数十分の間に急速に失われるものの、原子核内部の中

ないまま残留し続け、後に天体を形作る素材となる。電子や陽子、あるいは（すぐ後で示すような）核融合で生じた原子核を物質粒子と呼ぶことにしよう。

　以上のような反物質消滅のシナリオは、事実だと確認された訳ではない。電子が反陽子に変わるような素粒子反応が実際に起きるのか、実験で確かめられていないからである。しかし、おおよそこのようなプロセスで反物質が消滅し、物質が残されたというのが、有力な見方である。

🌐 元素の合成

　現在の宇宙には、自然状態で約90種類の元素が存在する。単独の陽子に電子が束縛された水素原子を唯一の例外として、他の元素はすべて、いくつかの陽子・中性子が核融合で合体した原子核に電子が捕捉されたものである。これらの元素の一部は、初期の宇宙空間で合成されたと考えられる。

　安定な原子核が内部に持つエネルギー（＝換算係数 c^2 を別にしたときの質量）は、バラバラにした陽子・中性子が持つ内部エネルギーの総和よりも小さいので、陽子・中性子を充分に接近させると、自然に核融合を起こすはずである。しかし、陽子同士が電気的に反発するため、それを乗り越えられる運動エネルギーでぶつからなければ、近づいて融合することは難しい。

　核融合によって大量の元素が合成されるには、衝突のエネルギーが大きいことに加えて、衝突が高い頻度で繰り返し起きなければならない。そのためには、高温かつ物質密度が高い状態が適当な期間だけ持続することが必要である。

　それでは、初期宇宙の高温・高密度状態で、元素合成は進行するのだろうか？ この問いに対しては、具体的に核反応の方程式を立てなければ答えられない。

　高温・高密度状態のまま平衡状態に到達した場合、ある核種の存在比率は、その原子核の内部エネルギーによって決定される。しかし、現実の宇宙では、空間が刻々と膨張して密度が低下していくので、質量の大きな元素が合成される時間的余裕がない。バラバラの陽子・中性子から始まって段階的に核融合を進める途中で、密度が低下して核融合が進行しなくなるからである。

性子は長く生き残る。

　核反応の確率などに関するデータを用いて計算すると、まず、陽子と中性子が衝突して重水素となり、続いて、重水素同士が衝突して三重水素またはヘリウム3が合成される。この三重水素またはヘリウム3に重水素が衝突すると、ヘリウム4ができる。こうした元素合成は、温度が10億度前後の時期に集中的に起きる。

　しかし、ヘリウム4から先は、反応確率が小さいためになかなか核融合が進まない。そうこうしているうちに、空間の膨張が続いて、さらなる核融合が起きるには温度や密度が低くなりすぎてしまう。その結果、初期宇宙で合成されるのは、水素の同位体（重水素、三重水素）、ヘリウム3とヘリウム4がメインで、それ以外には、ごく微量のリチウムやベリリウムができるだけである。酸素やケイ素、鉄など、世界が豊穣になるために必要な元素は、水素とヘリウムが重力で凝集してできた恒星の内部で作られる。

🌐 放射優勢期

　現在の宇宙論では、ビッグバン直後に何が起きるか、まだ完全に解明されてはいない。しかし、空間の膨張によって温度が10^{11}度程度まで下がって以降は、既知の素粒子論や原子核理論を援用することで、生起する反応が計算可能となり、具体的な状況が明らかにできる。

　ステファン＝ボルツマンの法則（(5.17)式）は、光の場合にエネルギー密度が温度の4乗に比例することを示すが、（【数学的補遺5-2】の導き方からわかるように）この比例関係は、光に限らず光速粒子ならば正確に、亜光速粒子ならば近似的に成立する。ある粒子が亜光速で動き回るには、粒子の持つエネルギーが質量エネルギーより充分に大きいことが必要なので、温度が低下しエネルギー密度が減少するにつれて、亜光速状態にある粒子の種類は減少する。

　亜光速粒子が何種類か存在するときには、統計的なエネルギー分配の法則に従って、これらの粒子すべてに同じようにエネルギーを分配しなければならない。したがって、形式的にエネルギー密度と温度の4乗の関係式（(5.17)式と同じ形の式）を書いた場合、その比例係数は、光だけが存在するときよりも大きくなる。

　高温状態で、高エネルギーの光子が亜光速粒子を生成する過程を考えよう。
　それぞれの光子には、ボルツマン因子（(5.5)式）に比例する割合でエネル

ギーが分配される★8。式の形からわかるように、温度がTならば、kT/h（k：ボルツマン定数、h：プランク定数）より大きな振動数νを持つ光子の割合は、振動数が増すにつれて急速に小さくなる。

高エネルギー光子（γ）が電子の場に作用すると、対生成によって電子（e^-）と反電子（陽電子；e^+）がペアで生まれることがある。また、電子・反電子ペアは、対消滅で光子に変化できる。この反応は、次の反応式で表される。

$$\gamma \rightleftharpoons e^- + e^+$$

光子による対生成で電子・反電子ペアが生成されるためには、光子のエネルギーが電子質量m_eによるエネルギーの2倍以上なければならない（反粒子の質量は、対応する粒子の質量に等しい）。したがって、亜光速となる電子・反電子ペアが充分なエネルギーを持つ光子によって大量に生成されるのは、温度が次の不等式を満たす場合である。

$$T \gtrsim 2m_e c^2/k \tag{5.19}$$

各定数の値は次の通り。

光速　$c = 3.0 \times 10^8$ [m/s]

電子質量　$m_e = 9.1 \times 10^{-31}$ [kg]

ボルツマン定数　$k = 1.38 \times 10^{-23}$ [m^{2}kg $\cdot$ s^{-2}/度]

これらの値を代入すると、(5.19)式の右辺は、1.2×10^{10} [度]となる。

電子とよく似た素粒子に、質量が電子の約200倍となるミュー粒子がある。電子と同様に、充分に高エネルギーの光子があれば、ミュー粒子・反ミュー粒子の対生成が起きるが、温度が10^{12}度以下になると、ミュー粒子は対消滅によって失われる。一方、温度が10^{10}度よりかなり高ければ、大量の電子と反電子が亜光速で運動している。このように、ある時点でどんな素粒子が亜光速で動き回るかがわかれば、エネルギー密度が理論的に計算可能となる。

温度が10^{10}度を下回ると、電子と反電子が対消滅し消えていく。温度が10^8度から10^6度まで低下する間は、光子に加えて、質量がほぼゼロで実質的に光

★8 … 厳密に言えば、ボース粒子のエネルギー分布は【数学的補遺5-2】に示したプランク分布に従う。フェルミ粒子の場合は、少し異なる分布式が成立する。

速粒子として振る舞うニュートリノだけが支配的になる。粒子の種類が一定なので、この期間には(5.18)式で示した時間 t と温度 T の関係 $t \propto 1/T^2$ が正確に成り立つ（比例係数は、光だけの場合とは異なる）。理論的な計算によると、温度が1億度になるのはビッグバンから約5時間が経過した頃だが、温度が1/10の千万度になるには（5時間の 10^2 倍の）500時間、1/100の百万度になるまでに50000時間が掛かる。

　温度が 10^{10} 度を大きく下回ってからしばらくの間は、光子とニュートリノという（光子は厳密に、ニュートリノはほぼ）光速で運動する粒子が時空の大局的な振る舞いを支配する。この2つは、しばしばまとめて放射として扱われ、これらの放射粒子が支配的になる時期は、放射優勢期と呼ばれる。

🌐 放射優勢期の終わり

　温度が低下したときの物質粒子の振る舞いに注目しよう。

　物質粒子の持つ質量 m は、共鳴状態が維持される（＝同じ粒子であり続ける）限り、一定に保たれる。多くの粒子は、共鳴エネルギーが低い状態へと遷移するが、電子や陽子は対消滅する相手がいないため、低いエネルギー状態に移ることができない。温度が低下するにつれ、個々の粒子が持つエネルギー $E = \sqrt{m^2 c^4 + c^2 P^2}$ も減っていくが、質量 m は変えられず、運動量 P を減少させるしかない。

　電子の場合で考えよう。電子の質量エネルギーを温度単位で表すと、(5.19)式の半分の値なので、0.6×10^{10} 度となる。一方、温度 T での電子気体の平均運動エネルギーは、(5.9)式で示すように、温度単位で $3T/2$ 度である。周囲の温度が下がるにつれて、電子が持つエネルギーのうち運動エネルギーの割合は急速に減り、温度が千万度以下になった頃には、質量エネルギーの寄与だけを考えれば充分となる。他の物質粒子も同様である。このとき、物質粒子のエネルギー密度は、共動座標で特定の領域内部における質量の総和を M とすると、M をスケール因子 a の3乗で割った値にほぼ等しい。

　放射粒子のエネルギー密度は a の4乗に反比例し、物質粒子のエネルギー密度より速く減少するので、宇宙空間の膨張が続くと、どこかで放射のエネルギー密度が物質のエネルギー密度を下回るはずである。この時期が放射優勢期の終わりであり、ビッグバンから約5万年が経過した頃になる。

放射優勢期以降の物質優勢期では、非相対論的な物質は放射によって加熱されず、わずかに残っていた運動エネルギーも、自身の断熱膨張によって急速に失われる。最終的には、運動量Pが事実上ゼロになり、物質粒子のエネルギーは下限であるmc^2に到達して変化しなくなる。運動量がゼロになった粒子集団の温度は定義上ゼロとなり、「冷たい物質」と化す[★9]。

こうして、光が支配する初期宇宙から、冷たい物質が支配するフリードマンの宇宙へと変化するのである。

数学的補遺 5-1　動く鏡を使った放射圧の導き方

アインシュタインは、特殊相対論を提出した1905年の論文で、動く鏡で反射される光のエネルギー流を考えることで、放射圧を導いた。そこで必要になる相対論の知識は、異なる座標系の間で光（電磁波）の振幅や振動数がどのように変換されるかという変換規則だけであり、それ以外は、古典論と共通する一般的な議論しか用いられない。

一定の速度vで動く鏡に光を照射して、入射波と反射波の振幅がどう変化するかを考えよう。入射光は振幅と振動数が一定の平面波とし、話を簡単にするため、鏡面に垂直に入射される場合に限定する（任意の角度で入射するケースを知りたければ、アインシュタインの原論文を参照してほしい）。

議論の流れは、次のようなものである。動く鏡に入射する光の振幅をA、反射された振幅をA'とする。マクスウェルの電磁気学によれば、光のエネルギー密度はA^2に比例する。以下の議論で比例係数は必要ないが、ここでは、原論文に従って、係数を$1/8\pi$と書いておく（Aの定義と使用する単位系によって係数が異なる）。

式が煩雑になるのを避けるため、光速cを1とする単位系（時間と空間の単

★9 … 現実の宇宙では、重力で物質が凝集した恒星の内部で核融合が進行し、そこから熱エネルギーが放射されるために、宇宙空間に存在する物質粒子は加熱され、地球の表面温度に比べてかなりの高温になる。核融合の際に放出されるエネルギーは、もともとビッグバンのエネルギーが粒子内部に共鳴エネルギーとして蓄えられていたもの。核融合の際には、陽子・中性子の結合状態が変わって共鳴エネルギーが変化するため、余ったエネルギーが外部に放出される。

位を等しくするもの）を採用する。$c = 1$でない単位系に戻すためには、以下
の諸式でvをv/cに置き換えればよい。

また、次式で定義されるローレンツ因子λを利用する。

$$\lambda = \frac{1}{\sqrt{1 - v^2}}$$

簡単に確かめられるように、次の関係式が成立する。

$$\lambda (1 - v) = \frac{1}{\lambda (1 + v)} \tag{5.20}$$

ここで、鏡が速度vで動く座標系Kから、鏡とともに運動する（＝鏡が静止
して見える）座標系Sへと座標変換する（本文中の図5-6参照）。このとき、相
対速度vの座標系への変換規則によって、座標系Kでの振幅Aは、座標系Sで
の振幅A_0に変換される（この変換規則の導き方は、特殊相対論の一般的な参考
書に書いてある）。

$$A_0 = \lambda (1 - v) A \tag{5.21}$$

(5.20)式に記したローレンツ因子λの性質により、(5.21)式は次のように書
き換えられる。

$$A = \lambda (1 + v) A_0$$

これは、座標系Sでの振幅A_0を、相対速度$-v$で運動する座標系Kでの振幅A
に変換する式と見なすことができる。

相対性理論によると、どの慣性座標系でも同じ物理法則が成り立つ。した
がって、座標系Sでも反射の法則が成り立ち、反射波の振幅A_0'は入射波の振幅
A_0と等しい。

$$A_0' = A_0$$

座標系Sでの反射波を座標系Kで見たときの振幅A'は、座標間の相対速度を
$-v$としたときの変換規則を使って求められる。

$$A' = \lambda (1 - v) A_0'$$

以上をまとめると、次式を得る。

$$A' = \{\lambda(1-v)\}^2 A$$

　鏡面に流入する入射波のエネルギー流（単位時間・単位面積あたり）は、エネルギー密度に鏡との相対速度 $1-v$ を乗じた値となる。鏡面から流出する反射波のエネルギー流も、同じようにして求められる。

入射エネルギー流　$\dfrac{A^2}{8\pi}(1-v)$

反射エネルギー流　$\dfrac{A'^2}{8\pi}(1+v) = \dfrac{A^2}{8\pi}\{\lambda(1-v)\}^4(1+v)$

　ここからは、座標系 K で考えることにしよう。

　鏡が受ける放射圧（単位面積あたりの力）を p とすると、pv が放射圧による単位時間あたりの仕事となる。したがって、（空間の膨張が無視できるときの）エネルギー保存則により、入射エネルギー流と反射エネルギー流の差が pv に等しい。

　ここでは、p の式で v の 1 次まで求めておこう。$(1 \pm v)^n \approx 1 \pm nv$ などと置けば、即座に計算できて次式を得る。

$$p = 2\frac{A^2}{8\pi}(1-2v) \tag{5.22}$$

　座標系 K におけるエネルギー密度は、$A^2 + A'^2$ に比例する。v の 1 次近似では $A' = (1-2v)A$ なので、

$$A^2 + A'^2 = 2A^2(1-2v) \tag{5.23}$$

となる。(5.22) 式と (5.23) 式を見比べれば、光が鏡面に垂直な一方向にだけ伝わるとき、放射圧 p はエネルギー密度 ϵ と等しいことがわかる。実際には、空間 3 次元のさまざまな方向に等方的に伝播するので、係数 1/3 が付いて、$p = \epsilon/3$ となる。

　以上の計算に示されるように、放射圧とエネルギー密度の関係は、特殊相対論の変換規則によって求められる。ここで重要なのは、放射圧が作用する鏡が動いているかどうかは、単に見え方の違いに過ぎないという点である。エネルギーを「姿を変えながら総量が一定に保たれる何か」とイメージし、放射圧を加えながら鏡を移動させることでエネルギーが移動すると考えると、かえって何が起きているかがわからなくなる。

なお、光量子のエネルギーが $h\nu$ に等しいという光量子仮説と、動く鏡による相対論的なドップラー効果の公式を使っても、変換規則を基に放射圧とエネルギー密度の関係が導ける。ただし、このやり方で議論する場合は、座標変換によって数密度が変わることを正しく評価する必要がある（詳しい議論は省略）。

数学的補遺 5-2　ステファン゠ボルツマンの法則の導出法

ステファン゠ボルツマンの法則を導く2つの方法に関して、ごく簡単に紹介しよう（本格的な議論が知りたい人は、熱力学や量子統計力学の専門書を読むように）。どちらも、電磁気の特性は使っていないことに注意されたい。

(1) 熱力学的方法

高校物理にも登場する熱力学第1法則は、

$$dU = d'Q - pdV$$

と書かれる。U は内部エネルギー、p は圧力、V は体積である。また、Q は熱量を表し、熱力学的状態によって一意的に定まる状態量ではないので、微小な変化を表す記号 d にダッシュを付けた。

熱が高温から低温へ流れるという熱力学の経験則を理論化するために導入されたエントロピー S は、

$$dS = \frac{d'Q}{T} \quad \left(= \frac{1}{T}(dU + pdV) \right)$$

という形で定義され、熱力学的な状態量であることが示せる（詳しくは、熱力学の教科書を参照）。熱力学的変数として T と V を選んで、S を微分する。

$$\left(\frac{\partial S}{\partial V} \right)_T = \frac{1}{T} \left(\frac{\partial U}{\partial V} \right)_T + \frac{p}{T}$$

$$\left(\frac{\partial S}{\partial T} \right)_V = \frac{1}{T} \left(\frac{\partial U}{\partial T} \right)_V$$

S が状態量であるためには、$\partial^2 S / \partial T \partial V = \partial^2 S / \partial V \partial T$ でなければならない。したがって、

$$\frac{\partial}{\partial T}\left(\frac{1}{T}\left(\frac{\partial U}{\partial V}\right)\right) + \frac{\partial}{\partial T}\left(\frac{p}{T}\right) = \frac{\partial}{\partial V}\left(\frac{1}{T}\left(\frac{\partial U}{\partial T}\right)\right)$$

となる。$\partial^2 U/\partial T\partial V = \partial^2 U/\partial V\partial T$ を使って整理すると、

$$\left(\frac{\partial U}{\partial V}\right)_T = T\left(\frac{\partial p}{\partial T}\right)_V - p$$

が得られる。ここで、エネルギー密度の定義 $\epsilon = U/V$ と光子気体の状態方程式 $p = \epsilon/3$ を使い、ϵ は温度 T のみの関数だと仮定すると、次の微分方程式を得る。

$$\epsilon(T) = \frac{1}{3}T\frac{d\epsilon(T)}{dT} - \frac{1}{3}\epsilon(T)$$

この微分方程式は直ちに積分でき、

$$\epsilon(T) = （定数）\times T^4$$

という関係が導かれる。これが、求めるべきステファン゠ボルツマンの法則である。

(2) 統計力学的方法

光子気体の統計力学を考える（以下の議論はやや杜撰であり、きちんとした内容は統計力学の専門的な教科書で勉強してほしい）。

エネルギー $h\nu$ を持つ光量子は、電磁場の振動が量子化によって特定のエネルギー状態になることを表すものだが、ここでは、あたかも光子という粒子が飛び回っているような状況を想定する。光子は、荷電粒子と電磁場の相互作用によって生成消滅するので、個数が一定しないという特徴がある。

理想気体の統計的な分布関数には、分子の個数が一定のとき個々の分子速度がどのように分布するかを表す速度分布関数が使われた。一方、光子気体の場合は、代わりに、振動数が $\nu \sim \nu + d\nu$ の光子数が n 個になる確率を表す分布関数 $f(n,\nu)$ が必要となる。振動数 ν の光子が n 個ある状態の場合、光子同士の相互作用は存在しないのだから、エネルギー E は $E = nh\nu$ となる。

ボルツマン因子 (5.5) を使えば、

$$f(n,\nu) \propto \exp(-nh\nu/kT)$$

と書ける。

光子数は実験で特定することができない（し、量子論的な固有状態ではない

ので物理的に意味がない）ので、まず、振動数νである光子の平均個数$\bar{n}$を求めることにする。

$$\bar{n} = \frac{\sum_{n=0}^{+\infty} n e^{-nh\nu/kT}}{\sum_{n=0}^{+\infty} e^{-nh\nu/kT}} = \frac{x + 2x^2 + 3x^3 + \cdots}{1 + x + x^2 + x^3 + \cdots} \qquad \left(x = e^{-h\nu/kT} \right)$$

分母分子の級数は、よく知られた公式から求められる。

$$1 + x + x^2 + x^3 + \cdots = \frac{1}{1 - x}$$

$$x + 2x^2 + 3x^3 + \cdots = x \frac{d}{dx} \left(1 + x + x^2 + x^3 + \cdots \right) = \frac{x}{(1 - x)^2}$$

これより、振動数がνである光子の平均個数が得られる。

$$\bar{n} = \frac{x}{1 - x} = \frac{1}{e^{h\nu/kT} - 1}$$

気体分子のエネルギー分布を求める際には速度の各成分で積分したが、光子の場合は、運動量成分で積分する必要がある。光の振動数νのとき、運動量の大きさ$P = h\nu/c$は一定だが、運動の向きが空間の3方向に等方的に分布する。このため、運動量の各成分による積分は、先に角度積分を遂行することで次のように書き換えることができる（「$\cdots$」は振動数νに依存する被積分関数）。

$$\int_{-\infty}^{+\infty} dP_x \int_{-\infty}^{+\infty} dP_y \int_{-\infty}^{+\infty} dP_z \cdots \to \int_0^\infty 4\pi P^2 dP \cdots$$

$P = h\nu/c$の関係を使って積分変数を運動量Pから振動数νに変換すると、振動数が$\nu \sim \nu + d\nu$の範囲に入る分布関数は、定数となる係数を除いて次の形になる（係数は、量子力学を使って理論的に求められるが、長くなるので省略する）。

$$\frac{\nu^2}{e^{h\nu/kT} - 1} d\nu$$

光子が持つエネルギー$h\nu$を分布関数に乗じれば、$\nu \sim \nu + d\nu$の範囲に入る平均エネルギー密度が求められる。これが、有名な「プランク分布」（係数を除く）である。すべての振動数領域でのエネルギー密度ϵを得るには、さらに振動数で積分すればよい。

$$\epsilon(T) = （定数） \times \int_0^{+\infty} \frac{\nu^3 d\nu}{e^{h\nu/kT} - 1}$$

新たな変数$\xi = h\nu/kT$を使って温度を含む項を積分の外に出すと、エネル

ギー密度の温度依存性がわかる。

$$\epsilon(T) = （定数）\times \left(\frac{kT}{h}\right)^4 \int_0^{+\infty} \frac{\xi^3 d\xi}{e^\xi - 1}$$

温度以外の定数をまとめて a_R と書くと、ステファン゠ボルツマンの法則（(5.17)式）が得られる。

科学史の窓
アルファ・ベータ・ガンマ理論

　フリードマンの宇宙モデルを仮定すると、時間を遡った初期の宇宙は高温・高圧状態になることがわかる。この段階で起きるさまざまな反応を通じて、宇宙を構成する基本物質が作られたという理論は、1940年代に、ガモフ（アルファ崩壊の理論を作ったことで第4章でも言及）と彼の共同研究者（ラルフ・アルファ、ロバート・ハーマンら）によって考案された。

　1946年の単著論文で展開されたガモフの元々のアイデアは、元素が合成される段階で、中性子がふんだんにあったというもの。中性子なので電気的な反発力が作用せず、核融合が速やかに進行し、宇宙に存在する全元素を短期間で作り出したと考えた。ガモフは、宇宙の初期に存在した中性子を、電子・陽子という陰陽の要素に分裂する前の始原物質（アイレム）と見なしたが、「原始的原子がトンネル効果によって崩壊し物質を生み出した」というルメートルの発想と、どこか親近性が感じられる。

　ガモフとしては、「なぜ世界に多種類の元素が存在するか」という謎を解き明かす画期的なアイデアと思えたのだろう。このアイデアをアルファとともに練り上げて論文を執筆した際に、恒星内部における核融合反応の研究で有名なハンス・ベーテに名前を借り、1948年に三人の連名で発表した。アルファ・ベーテ・ガモフによる元素誕生の理論──世に言う「アルファ・ベータ・ガンマ理論」である。

　残念ながら、このアイデアに大きな欠陥があることは、すぐに林忠四郎によって指摘された。

　ガモフらの理論によると、宇宙の初期には大量の中性子があり、これらが凝

集しながらベータ崩壊を起こして、さまざまな原子番号（原子核内部の陽子数）と質量数（原子核内部の陽子・中性子を併せた総数。3人の論文では、質量数238まで想定されていた）を持つ原子核が作られたという。しかし、林は、中性子の存在比率がガモフらの想定よりずっと少ないことを指摘した。

陽子と中性子は、次の素粒子反応によって互いに変換される（p：陽子、n：中性子、e^-：電子、e^+：反電子（陽電子）、ν：ニュートリノ、$\bar{\nu}$：反ニュートリノ）

$$n + \nu \rightleftharpoons p + e^- \tag{5.24a}$$

$$n + e^+ \rightleftharpoons p + \bar{\nu} \tag{5.24b}$$

第1式右向き矢印は、「中性子にニュートリノが衝突して、陽子と電子になる」という反応であり、他の式も同様に解釈する。こうした反応は、温度が10^{10}度よりも高く、電子と反電子が対生成によって豊富に存在するときには頻繁に起きる。

(5.24a) (5.24b) 式の反応が続いて、熱平衡状態になった場合を考えよう。（反）電子と（反）ニュートリノの質量は陽子・中性子と比べて充分に小さく、そのエネルギー分布はほぼ同一になるので、ボルツマン因子（(5.5)式）としては同じファクターしか与えない。このため、陽子と中性子の数密度（それぞれ、N_p、N_nとする）の比は、ボルツマン因子のエネルギー E に陽子と中性子の質量エネルギーの差を代入した式で与えられる。

$$N_n/N_p = \exp\left(-\left(m_n - m_p\right) c^2/kT\right)$$

陽子と中性子の質量を代入すると、基準となる温度として

$$T = \left(m_n - m_p\right) c^2/k = 1.5 \times 10^{10} \text{ [度]}$$

という値が求められる。これより温度が充分に高ければ、陽子と中性子が頻繁に相互変換を繰り返し、やがて陽子と中性子の個数が等しくなる。

この結果は、はじめに陽子と中性子がどんな比率で存在していようとも、空間膨張によって温度が低下する過程で10^{10}度よりもかなり高い温度領域を通過する際に、電子・反電子の対生成によって(5.24a) (5.24b)式の反応が起き、陽子と中性子の比率が等しくなることを意味する。これらの反応は核融合を阻害するため、元素合成は、10^{10}度を大きく下回る温度で始まるはずだが、その

ときには、中性子の多くはベータ崩壊によって陽子に変化していた（現在の計算によれば、温度が10^9度、ビッグバンから168秒後の中性子比率は13％である）。

　結局、初期の宇宙では、水素の同位体とヘリウムを合成するのがやっと。それ以降は空間膨張のせいで温度と密度が低下し、核融合を持続することが困難になる。

　宇宙のはじめから存在する大量の中性子によって、現存する元素の多くが一気に作られるというガモフらのアイデアは間違っていたが、きわめて重要ないくつかの貢献があった。

　第1に、初期宇宙でヘリウムが合成されたことを正しく指摘した。現在では、合成されるヘリウムの量が正確に計算され、観測データと比較することで、空間膨張率の補正に利用されている。

　第2に、宇宙における多様な元素合成の研究に道を開いた。ガモフが始めた研究は、まず、彼の薫陶を受けたアルファやハーマンが発展させ、さらに、1960年代にP.J.E.ピーブルスが定説の域に高めた。

　第3に、高温状態だった宇宙がどのように冷えていったかを定量的に求める方法を示した。1956年の単著論文でガモフは、放射優勢期がいつ終わるかについて議論している（ただし、「ビッグバンから2億5千万年後」という数値を上げており、現在の理論値である「ビッグバンから5万年後」とかなり食い違っている）。ガモフ自身は緻密な計算があまり得意でなかったようだが、アルファとハーマンが細かな計算を行い、1948年に現在の放射温度が絶対温度で5度だという論文を発表している。この結果は、1965年に報告された3度という宇宙背景放射の温度に近い。

　ところで、アルファ崩壊の理論と元素合成の理論という、20世紀物理学界でも特筆すべき業績を2つ上げたにもかかわらず、ガモフはノーベル賞を受賞していない。ノーベル賞が宇宙論研究に冷たいことは以前から指摘されており、業績が認められる前に早世したしたフリードマンは仕方ないにしても、本書で触れたド・ジッター、ハッブル、エディントン、ルメートルら宇宙論研究のパイオニアたちはいずれもノーベル賞を逃している（他にも、宇宙論や天体の終末といった分野で優れた業績を上げたディッケ、オッペンハイマー、ホーキングらが選に漏れた）。2019年になって、ようやくビッグバン元素合成や宇宙の

大規模構造の研究が認められてピーブルスが受賞、翌2020年には、ブラック
ホール研究でホーキング（2018年没）と並ぶ業績を上げたペンローズが賞を勝
ち取った。

CHAPTER 6

変化する暗黒エネルギー

　現代的な宇宙論は、「宇宙原理が（近似的に）成り立っている」という観測事実をベースに、空間が一様等方であるとの前提の下でアインシュタイン方程式を解くことによって構築された。この場合、アインシュタイン方程式から作られる独立な式は、フリードマン方程式とエネルギー保存則の式である。時間の関数として表される未知数は、スケール因子、エネルギー密度、圧力の3つあるので、エネルギー密度と圧力の関係を表す状態方程式が与えられれば、3つの未知数に対して方程式も3つになり、原理的にすべての未知数について解くことができる。

　ならば、これで大局的な時空構造に関する宇宙論は完結したのかと言うと、そうではない。こうして得られた宇宙モデルには、大きな欠陥があることが判明したのである。

　観測データによれば、宇宙空間における背景放射（宇宙の晴れ上がり以来、散乱するものがなくなって直進し続けている光）は全天にわたってきわめて一様性が高い。ところが、理論的に考えると、これは実に奇妙なことなのである。

　本章では、この「一様性の謎」を解くためにいかなる理論が考案されたかを解説する。あらかじめ断っておくが、すべての謎がすっきりと解けたわけではない。むしろ、「スカラー場の正体」という現代物理学最大の未解決問題のせいで、ビッグバンのメカニズムについて明確に説明することができず、読者にフラストレーションを感じさせるかもしれない。

§6-1　一様性の謎

　遠方の天体から地球まで光が到達するのに時間がかかるため、望遠鏡による

観測は、宇宙の過去を垣間見せてくれる。たかだか数千万光年程度しか離れていない領域では、巨大銀河を含む銀河団や銀河群が緩やかなまとまりを形作っている。数億光年から数十億光年と離れるにつれて、小規模な銀河が重力の作用で変形しながら合体する過程を、時間を遡って見ることができる。

　人類が観測できる最古の光は、（第5章§5-1で紹介した）「宇宙の晴れ上がり」の時期に放出されたものである。エネルギー密度が高く宇宙空間が高温だった頃は、場が激しく振動して荷電粒子が大きなエネルギーを持ち、盛んに光子の吸収・放出を行った。このため、宇宙空間は太陽の表面のようにギラギラと輝き光にあふれていた。しかし、温度が3700度前後まで低下すると、バラバラに運動していた電子と陽子が結合し、半分ほどが電気的に中性の水素原子になる。温度がさらに3000度まで下がり、電離度がほぼゼロになる（図5-1参照）と、荷電粒子が消失し光が散乱されなくなる。その結果、「最終散乱（Last scattering；以後、最終散乱に関連する量には添え字「L」を付ける）」直後に放出された光は直進し続け、百億年以上が経過した現在、宇宙背景放射として地球に降り注いでいる。

　宇宙背景放射は、熱平衡状態に達した荷電粒子からの放射であり、その振動数分布は、（第5章【数学的補遺5-2】**(2) 統計力学的方法**で示した）プランク分布の式に従う。プランク分布にはパラメータとして温度が含まれており、観測データと合致するように温度が決定される（背景放射の温度がどのように求められるかは、章末の【数学的補遺6-1】で示す）。宇宙背景放射の場合、天球のどの地点からの光も2.725度であり、方位による違いはごくわずかしかない。この一様性が大きな謎なのだが、なぜ謎とされるのかは、ビッグバン直後における空間膨張の仕方と関係する。

🌐 一様性の何が謎か

　ビッグバン直後の宇宙は、エネルギー密度がきわめて高く、それに伴って（ステファン＝ボルツマンの法則 $\epsilon \propto T^4$ が示すように）温度も高くなる。素朴に考えると、この高温状態の中で均一化が進行するように思われるだろう。水に電解質を溶かす場合、低温では結晶が析出して不均一な状態になることもあるが、充分に高温ならば、自然に混じり合って一様な溶液となる。それと同じように、初期宇宙の高温状態がすべてを混ぜ合わせて均一化を進めたと想像し

たくなる。しかし、スケール因子が無限小の状態から始まる宇宙の場合、この考えは誤りである。

　宇宙空間が、最初の瞬間（$t = 0$）からフリードマン方程式に従って膨張してきたと仮定しよう。ユークリッド近似を用い、時間を宇宙標準時、空間を共動座標で表すことにする。さて、時刻$t = 0$である地点から放出された光が、背景放射が放出された時刻t_Lまで（現実には不可能だが、仮に散乱されなかったとして）まっすぐ伝播したとすると、最初の地点から物理的距離にしてどこまで到達するかを考えたい。共動座標で表したとき、到達地点までの座標間隔Rは、第4章(4.1)式と(4.2)式を組み合わせて求められる。到達時刻t_Lにおける物理的距離Dは、このRにスケール因子$a(t_L)$を乗じれば得られる（図6-1）。

$$D = a(t_L)R = a(t_L)\int_0^{t_L}\frac{dt'}{a(t')} \tag{6.1}$$

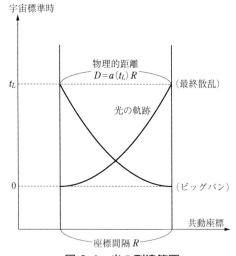

図 6-1　光の到達範囲

　仮に、放射優勢期の式が常に成り立つとすると、$a(t) \propto t^{\frac{1}{2}}$（(5.18)式）となり、比例係数の値によらず、

$$D = 2t_L \tag{6.2}$$

という関係が成り立つ。最終散乱は放射優勢期が終わって物質優勢期に入ってから起き、その時期には、（第3章【数学的補遺3-3】で示したように）近似的

に$a(t) \propto t^{\frac{2}{3}}$となるので、(6.2)式が常に成り立つわけではない。だが、物質優勢期を含めても、光が到達できる物理的距離が、伝播に要した時間t_Lのたかだか数倍であることは変わらない。

溶液のような統計的システムが熱平衡に達して均一な状態になるには、分子同士がエネルギーをランダムにやり取りして分布の偏りをなくすことが必要である。宇宙の晴れ上がり以前には、宇宙空間に電子や陽子などの荷電粒子が飛び回り、光を介してエネルギーをやり取りしていた。したがって、ランダムなエネルギー交換によって均一になれるのは、ある地点から見て光が到達できる範囲よりかなり狭いはずである。

これまで議論してきた一様等方モデルの場合、冷たい物質しかないケース（第3章）でも、初期に放射優勢期があったケース（第5章）でも、宇宙はスケール因子がゼロの状態から始まる。最初の瞬間に放出された光が到達する限界までの物理的距離は、経過時間t_Lのたかだか数倍である。したがって、ビッグバン直後の高温下で熱平衡に到達できる範囲は、大ざっぱに言って、t_L（光速cをあらわに書けばct_L）と同程度になる。

ところが、現在観測される宇宙背景放射の放出地点は、この範囲を大幅に超えて広がっている。例えば、天の北極と南極からやってくる背景放射は、相互に光のやり取りができないほど離れた地点で放出された。なぜ光のやり取りができず互いに熱平衡になり得ない2つの領域からの光が、どちらも2.725度という同じ温度なのか？　これが、「一様性の謎」である（物理学者は、この謎に対して「地平線問題」というわかりにくい表現を用いる）。

🌐 背景放射の放出地点

もう少し定量的な議論をするため、背景放射が放出された地点を特定しよう。

これまで説明してきたように、宇宙空間の温度が3000度くらいまで低下し自由に運動する荷電粒子がほぼ消失した時期に放出されたのが、背景放射である。これより以前の光は、途中で荷電粒子に散乱されてしまい、地球には到達しない。

いま観測されている背景放射が放出されたのは、現在の時刻t_Pに地球に到達する光の軌跡と、温度が3000度を切った最終散乱の時刻（宇宙標準時でt_Lとする）を表す面が交わる地点である（図6-2）。現在の地球から見ると、光の

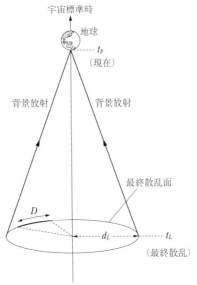

図 6-2 背景放射の放出地点

伝播に時間がかかり遠方になるほど過去の姿を現すため、背景放射の放出地点は、地球を中心とする球面のように見える。天文学では、この球面を最終散乱面という。

　時刻t_Lでの最終散乱面は、その時刻における地球の位置座標（現在の地球の位置を表す共動座標）を中心とする球面になる（図6-2では、円周として表している）。ここでは、t_Lにおける最終散乱面の半径を求めたい。

　背景放射は、最終散乱の時刻から宇宙空間をまっすぐに進み、現在の地球に到達した。最終散乱面までの物理的距離d_Lは、(6.1)式と同様の方法で計算できる。

$$d_L = a(t_L) \int_{t_L}^{t_P} \frac{dt'}{a(t')} \tag{6.3}$$

　フリードマン方程式を使えば、この積分が実行できる。計算過程はやや煩雑なので、説明は【数学的補遺6-2】に譲ることにして、ここでは、一様性の謎を理解するのに充分な結果だけを書いておこう。ハッブル定数（現時点での空間膨張率$\dot{a}/a$）をH、背景放射の赤方偏移をz_Lとすると、d_Lは次式で与えられる。

$$d_L = \frac{1}{(1 + z_L)H} \times C_1 \tag{6.4}$$

ただし、C_1 は観測データを組み合わせて決定される数値で、【数学的補遺6-2】で示したように約3.2である。また、背景放射の赤方偏移 z_L は、放出された時点での温度3000度と現在の温度2.725度の比に等しく、約1100である（なぜ赤方偏移が温度の比になるかは、【数学的補遺6-1】で解説しておいた）。

現在の観測データを使って $1/H = 140$ 億[光年]（(4.14)式前後の議論を参照）と置くと、最終散乱の時点における最終散乱面までの物理的距離 d_L は、およそ4000万光年と求められる。

🌐 一様になる範囲の "狭さ"

一様性の謎を端的に示すのは、背景放射の温度が全天に渡って等しいことである（これ以外にも、宇宙の大規模構造が方位に寄らずにほぼ同等であることも謎と言える）。この謎を定量的に示すために、背景放射が均一化される範囲の上限を求めてみよう。相互作用の伝播速度は光速を超えないので、ビッグバンの直後に放射された光が（仮に散乱されないとして）最終散乱の時期までに到達できる距離を表す(6.1)式の D が、一様になる範囲の上限となる。

到達距離 D を求める計算過程は、章末の【数学的補遺6-3】に記しておいたので、ここでは、結果だけを書いておく。

$$D = \frac{1}{(1 + z_L)H} \times C_2 \tag{6.5}$$

C_2 は、観測データを使って求められる数値で、0.065程度になる。z_L や H の数値を使うと、D は80万光年程度になる。

ここではユークリッド近似を前提とした計算式を使っているので、ユークリッド幾何学に基づいて議論しよう。最終散乱が起きたとき、基準となる地球の位置から半径 d_L の円を描いたとき、円周上で熱平衡になり得る範囲の見込み角（図4-4参照。幾何学的な見込み角であって、最終散乱の時期に地球の位置から見える訳ではない）は D/d_L [rad]である（図6-2）。(6.4)式と(6.5)式を使うと、

$$\frac{D}{d_L} = \frac{C_2}{C_1} = 0.02 \, [\text{rad}] = 1.1 \, [\text{度}] \tag{6.6}$$

となる。

　最終散乱面のどの地点からも同じように背景放射が伝わるので、観測される天球上で長さ D が占める割合は、最終散乱の時期における幾何学的な割合と変わらない。したがって、天球上で角度にして1.1度以上離れると、熱力学的状態を均一化するようなエネルギーのやりとりは行われず、温度が等しくなる必然性のない領域となる。にもかかわらず、全天で同一の温度になるのが謎なのである。

🌐 ルメートル・モデルは解決になるか？

　第5章までに取り上げたモデルのうち、冷たい物質だけの宇宙や、初期の放射優勢期を経て物質優勢期に移行する宇宙では、D/d_L が1より2桁小さくなるため、必ず一様性問題が生じる。しかし、この問題が生じないケースもある。第4章§4-3で紹介したルメートルのモデルがそれに当たる。

　ルメートル・モデルは、アインシュタインが考案した球面状の静止宇宙を出発点とする。この不安定な状態の近くにしばらくとどまった後、はじめのうちは少しずつ、しだいに加速しながら膨張していく（図4-6参照）。ビッグバンが存在しないため、(6.1)式で言えば、積分の下端が $t = 0$ ではなく $t = -\infty$ となって積分が発散するので、全空間領域が互いに作用を及ぼしあって熱平衡状態に達することも、不可能ではない。

　これ以外にも、第4章で言及したド・ジッターのモデルが、一様性問題を回避するケースとなる。このモデルは、図4-5の説明で触れたように、物質や放射のエネルギーがなく、暗黒エネルギー100％の宇宙を記述する。ルメートル・モデルと同様にビッグバンがなく、宇宙は過去から未来へと加速度的な膨張を永遠に続ける（スケール因子の具体的な振る舞いは、§6-2の(6.13)式に記す）。このため、(6.1)式の積分範囲が無限になって発散し、全空間を均一化させられる。

　ただし、ルメートルとド・ジッターのモデルは、いずれもそのままでは現実の宇宙を記述できない。Ia型超新星の観測データなどを基にすると、この宇宙は、ビッグバンからしばらく減速しながら膨張した後、加速膨張に転じたと推

定される。観測データに不定性があるため、減速から加速への転換については
まだ確定的でないが、少なくとも、ルメートルやド・ジッターのモデルのよう
に、加速膨張が永続する世界でないことは確実である。したがって、元の形の
ままでは、これらのモデルで一様性の謎を解決することはできない。

🌐 謎の起源

　そもそも、一様性の謎が生まれた起源は何なのだろうか？ 熱平衡になるため
の相互作用が及ばなくても、はじめから均一な状態だったと考えてはいけない
のか？

　実は、謎の起源は、フリードマン方程式に基づくビッグバンが、実に不自然
な状態だという点にある。最もわかりやすい「冷たい物質のみ」のケースで説
明しよう。このケースでは、全エネルギーが一定に保たれるため、スケール因
子aがゼロに近づくにつれ、エネルギー密度がa^3に反比例して発散する。フ
リードマン方程式には安定平衡解がなく、時間の端があるとすると、そこでa
はゼロか無限大になるしかない。常識的に考えれば、aがゼロになってエネル
ギー密度が無限大になる瞬間が宇宙の始まりとなる。

　(3.12)式に示した冷たい宇宙におけるフリードマン方程式で、$a \to 0$とする
と、aの時間微分である$\dot{a}$は、必ず無限大に発散する。冷たい物質のみの宇宙
では、$t \to 0$で$a(t) \propto t^{\frac{2}{3}}$となり、確かに$\dot{a}$が発散する。フリードマン方程式の
形からわかるように、こうした発散が起きるのは、aがゼロに近づくにつれて
有限のエネルギーが無限小の体積中に押し込められることによって生じる。し
たがって、エネルギーが有限であるならば、圧力を考慮した熱い宇宙であって
も、$\dot{a}$の発散は避けられない。放射優勢期のある宇宙では、$a(t) \propto t^{\frac{1}{2}}$となる。
tに対してaをプロットすると、冷たい物質のみの場合と同じく、$a(t)$は$t \to 0$
で縦軸に接する曲線で表される。

　$\dot{a}$が発散するとは、ビッグバン直後から、光でも追いつけないほどのスピー
ドで空間が拡がることを意味する。これが、光を介したエネルギーのやり取り
ができなくなり、一様性の謎が生じる主な原因である。

　こうした急激な膨張はフリードマン方程式の解が満たすべき要件なのだか
ら、数学的必然であって物理的な議論をすべきではない──そう考える人がい
るかもしれない。しかし、有限のエネルギーが無限小の領域に集中した結果と

して、$\dot{a}$ が発散したことを忘れてはならない。エネルギーが集中すると空間を縮めようとする万有引力が強大になるので、これに打ち勝つために大きな初速が必要とされたのである。これを不思議だと思わないのは、喩えて言えば、遠方にいるエイリアンが地球から脱出速度を超えるスピードで物体が打ち出されたのを見て、「この物体はニュートン力学に従って双曲線軌道を描いているのだから、何の不思議もない」と主張するようなものである。なぜ脱出速度以上で打ち出されたかが不思議なのである。

「宇宙ははじめから一様だった」という主張が理にかなっていないのも、同じである。エネルギーが無限小領域に集中しているだけでも奇妙なのに、それが揺らぎのない一様な分布をしていたというのは、どう考えても不合理である。

🌐 謎を解決するための仮説

ルメートルやド・ジッターのモデルを採用すれば、一様性の謎は解決できる。だが、これらのモデルでは、空間が常に加速膨張を続けるため、現実の宇宙とは異なる。現実の宇宙では、初期に物質的なエネルギー密度のきわめて高い時期が存在し、その引力によって空間膨張は必然的に減速する。

一方、冷たい物質のみ、あるいは、初期に放射優勢期のある宇宙モデルは、減速膨張から加速膨張へと転じたことを示唆する観測データと矛盾しない（図3-6で示したように、冷たい物質しかなくても、正の宇宙定数があれば、減速から加速膨張へと変化する）。しかし、温度や圧力が無限大となるビッグバンの瞬間にまで遡ると、強大な引力を振り切るために空間の膨張速度も無限大となり、結果的に一様性の謎が生じる（図6-3 (a)；この図は説明のためのもので、グラフは正確でない）。

この2種類のモデルの「いいとこ取り」をして、一様性の謎を解決すると同時に観測データと合致するようなモデルを作れないだろうか。前半では、暗黒エネルギーによって加速膨張を続けていたが、ある段階で大量のエネルギーが供給されて高温・高圧状態が生じ、現在われわれが目にする宇宙が誕生したというシナリオである（図6-3 (b)）。この場合、ビッグバンは宇宙の始まりではなく、エネルギーが供給された時点に当たる。

ビッグバンの瞬間にスケール因子がゼロだったというフリードマン型のモデルが、観測データによって検証されているわけではない。温度の低下に応じた

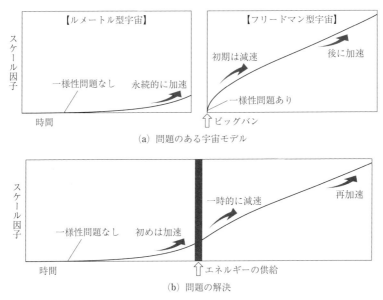

図 6-3 「一様性の謎」の解決

物質の状態変化について、理論の予測通りに事態が進行したとされるのは、電子・反電子（陽電子）のペアが対消滅し始める時期以降である。この時期には温度が数十億度まで低下しており、フリードマン型モデルによると、ビッグバンから10秒ほど経過したとされる。ただし、温度の低下が続いたことは確実であっても、空間膨張がフリードマン方程式に従っていたという証拠はない。

　空間膨張率についてのデータが得られるのは、ビッグバンから数分経ち元素合成が始まってからで、合成されるヘリウムの量などがフリードマン方程式に基づく予測と一致することが確認されている。これ以前に関しては、フリードマン型のモデルを変更する余地がある。

　ガモフの時代には、ビッグバンの瞬間に中性子（あるいは電子と陽子）のような物質の素材があらかじめ存在しなければならないと考えられた。だが、§5-3で説明したように、場にエネルギーが供給され膨大な素粒子が生成された後に、反物質より物質が多くなるような反応が起きれば、対消滅によって反物質が消えて物質だけの宇宙となる。したがって、はじめから物質が存在する必要はなく、どこかから一度に大量のエネルギーが供給されれば、ビッグバンが再現できる。

供給されたエネルギーは、空間を収縮させようとする作用を及ぼす（図3-4、図3-5の「重力項」に相当）。エネルギー量が充分に大きければ、空間の膨張は減速に転じるが、膨張が続くとエネルギー密度が低下するため、正の宇宙定数がある限り、どこかの段階で再び加速膨張に戻る。減速からなぜか加速に転じたという不可解な振る舞いではなく、宇宙空間は一貫して加速膨張の傾向にあり、エネルギーが供給された後の一時期だけ、そのエネルギーによって減速したことになる。

それでは、空間膨張の途中でビッグバンを引き起こすエネルギーは、どこから供給されたのだろうか。この問いに答えるためには、宇宙定数（あるいは暗黒エネルギー）の性質について、もう少し考察する必要がある。

🌐 変化する暗黒エネルギー

一様等方宇宙におけるエネルギー運動量テンソル $T_{\mu\nu}$（(3.7)式）と、ユークリッド近似をしたときの計量場 $g_{\mu\nu}^{(E)}$（(3.2)式）を改めて書いておこう。

$$T_{\mu\nu} = \begin{pmatrix} \epsilon & 0 & 0 & 0 \\ 0 & a^2 p & 0 & 0 \\ 0 & 0 & a^2 p & 0 \\ 0 & 0 & 0 & a^2 p \end{pmatrix}$$

$$g_{\mu\nu}^{(E)} = \begin{pmatrix} -1 & 0 & 0 & 0 \\ 0 & a^2 & 0 & 0 \\ 0 & 0 & a^2 & 0 \\ 0 & 0 & 0 & a^2 \end{pmatrix}$$

アインシュタイン方程式において、計量場に比例する宇宙項は左辺に宇宙定数 Λ との積 $-\Lambda g_{\mu\nu}$ として、エネルギー運動量テンソルは右辺に $-\kappa T_{\mu\nu}$ という形で現れる。したがって、宇宙項を右辺に移項すれば、これをエネルギー運動量テンソルの成分と見なすことも可能である。右辺に移項してエネルギー運動量テンソルの形に書き直した宇宙項は、次のように表される。

$$\Lambda g_{\mu\nu}^{(E)} = -\kappa \begin{pmatrix} \epsilon^{(\Lambda)} & 0 & 0 & 0 \\ 0 & a^2 p^{(\Lambda)} & 0 & 0 \\ 0 & 0 & a^2 p^{(\Lambda)} & 0 \\ 0 & 0 & 0 & a^2 p^{(\Lambda)} \end{pmatrix}$$

ただし、宇宙定数によるエネルギー密度 $\epsilon^{(\Lambda)}$ と圧力 $p^{(\Lambda)}$ は、次式で与えられる。

$$\epsilon^{(\Lambda)} = \frac{\Lambda}{\kappa} = -p^{(\Lambda)} \tag{6.7}$$

この式からわかるように、宇宙定数は（比例係数を別にして）一定のエネルギー密度と見なすことができる。これが、宇宙定数が暗黒エネルギーと呼ばれる所以である。

(6.7)式の関係は、§5-2でエネルギー密度と圧力の関係を表す状態方程式を $p = w\epsilon$ と表したときの $w = -1$ のケースに相当する（(5.11)式とその前後の議論を参照）。

宇宙定数 Λ がプラスのとき、圧力 $p^{(\Lambda)}$ はマイナスになるが、これは、内側に引き込む負圧が発生することを意味する。通常の気体は圧力が常にプラスで、断熱膨張の際には外部に仕事をして内部エネルギーが減少する。これに対して、負圧ならば、断熱膨張をすると内部エネルギーが増大する。宇宙論のケースでは、宇宙空間が膨張すると暗黒エネルギーが増えていくように見えるが、この場合でも、エネルギー保存則(3.10)式は成り立っている。エネルギー保存則は、物理法則が時間によって変化しないという条件から導かれるので、常に成立するが、総量が一定に保たれる全エネルギーを定義できないケースに相当する。

ここまでは、宇宙定数の項を書き換えただけなので、新しい知見はない。しかし、宇宙定数をエネルギー密度の一種と解釈することで、従来とは異なるモデルを構築することも可能になる。

宇宙定数は、万有引力定数 G のような物理定数ではなく、エネルギー密度が変化しないとき、これを仮に定数として扱ったにすぎないと考えてみよう。そうすると、当初は定数のように振る舞っていた暗黒エネルギーが、ある段階で急に変化してエネルギーの一部を"解放"し、図6-3(b)の変化を実現できるの

ではないか。

🌐 暗黒エネルギーを生み出す場

　暗黒エネルギーが時間変化するからと言って、宇宙定数Λを時間 t の関数に置き換えてΛ(t) とすれば済む話ではない。相対論では、時間と空間は一体化して、時空という単一の実体を構成する。したがって、時間が経つと変化するような暗黒エネルギーは、時間だけの関数ではなく、時空のあらゆる地点で異なる値を取り得る量でなければならない。これは、暗黒エネルギーが「場」であることを意味する。

　これまで、計量場以外の場として、電磁気現象をもたらす電磁場と、電子・クォークなどを生み出す物質場を見てきた。暗黒エネルギーの場は、これらとは異なる特徴を持つ。電磁場は、向きを持つベクトル場である。もし、暗黒エネルギーがベクトル場だとすると、真空が向きによって性質を変えることになってしまい、空間はどの方向も同じだという物理学の基本的な前提と食い違う。また、電子・クォークの場は、スピノルと呼ばれる特殊な数学的構造を備えており、これも暗黒エネルギーが持つ性質とは異なる[★1]。

　暗黒エネルギーの場は、空間のある方向を特別扱いするようなものであってはならない。こうした「向きがなく大きさだけ持つ」量は、数学でスカラーと呼ばれる。したがって、暗黒エネルギーはスカラーの性質を持つ場——「スカラー場」——によって担われると推測される。

　時刻や位置によって場の値がどのように変化するかは、スカラー場が従う場の運動方程式によって決められる。議論を進めるには、一様等方宇宙のモデルにスカラー場を組み込むことが必要になる。

§6-2　スカラー場によるインフレーション

　スカラー場とは、時空のすべての地点で、何らかの値を持つ場である。ベク

[★1] … 粒子と反粒子がペアを組んだ状態で真空中に凝縮するならば、スピノル場が暗黒エネルギーを生み出すこともあり得るが、議論が難しくなるので、ここでは考えない。

トル場の場合、次元数に等しい個数の成分を持ち、座標を回転すると各成分の値が変化するのに対して、スカラー場は、どのような座標変換を行っても場の値が変わらない点が特徴である。

スカラー場をϕという記号で表そう。ϕの値は座標変換で変わらないのだから、その任意関数である$V(\phi)$も座標変換に対して不変のスカラー量となる。「座標変換で変わらない」ことを唯一の制約としてスカラー場を導入すると、任意関数$V(\phi)$で表されたポテンシャルが許容されるので、関数形をうまく選べば、スカラー場ϕに宇宙論で都合のよい振る舞いをさせることもできそうである。ただし、人間が勝手に決めたポテンシャルが物理的に見て妥当かどうかは、別問題である。

任意関数による場の変動がどのようなものかを理解してもらうために、ここではまず、任意ポテンシャルによる粒子の運動を紹介することから始め、その後でスカラー場の議論に移ることにしよう。

🌐 任意ポテンシャルによる粒子の運動

ポテンシャルによる力(「保存力」と呼ばれる)だけが作用する粒子の運動を、ニュートン力学で考える。運動は1次元方向に限定し、位置をqで表す。後で場の理論に移行する際、時間tの関数$q(t)$を、時間・空間をまとめた座標xの関数$\phi(x)$に読み替える。粒子の質量mは、場の理論に移行しやすいように$m=1$とし、ポテンシャルを単位質量あたりの位置エネルギーとして定義すると、運動方程式は次式で与えられる(ドットは時間微分を表す)。

$$\ddot{q} = -\frac{dV(q)}{dq} \tag{6.8}$$

このとき、エネルギー保存則は次のようになる。

$$\frac{1}{2}\dot{q}^2 + V(q) = E \tag{6.9}$$

Eが一定に保たれることは、エネルギー保存則の両辺をtで微分して運動方程式を適用すれば、ただちにわかるだろう。単位質量の粒子では、(6.9)式左辺第1項が運動エネルギー、第2項が位置エネルギー、右辺のEが2つのエネルギーを加えた全エネルギーとなる。

粒子がどんな運動をするかは、ポテンシャルの形によって決まる。保存力だ

けが作用する場合は、qの関数としてポテンシャルのグラフを描き、一定値をとるEとの交点を調べれば、定性的な振る舞いがわかる（この性質に基づく議論は、§3-2でフリードマン方程式の解を分類する際に行った）。運動エネルギーは必ずプラスになるので、運動は$V(q) \leqq E$となる範囲に限られる。

$V(q)$の関数形については、微分可能だということ以外の理論的制約はない。形式的には、ニュートンの重力理論で大きさのない重力源を扱う場合のように、孤立した特異点も許される。

ポテンシャルの形を物理学的な議論に基づいて決定するのが難しいことは、具体例を考えるとわかりやすい。板バネを曲げたときに応力を生じさせる弾性ポテンシャルは、変位qが小さくフックの法則が近似的に成り立つ範囲では、q^2に比例する。しかし、変位が大きくなると、こうした簡単な近似は使えない。応力は、結晶が変形し電子のエネルギー準位が変化することによって生じるため、量子論的なエネルギー計算を行わなければ、ポテンシャルの厳密な形は求められない。だが、エネルギー計算には膨大な自由度を考慮する必要があり、現実問題として遂行は困難である。

保存力以外に、摩擦力のようにエネルギーを熱として散逸する力が作用する場合は、Eの値が少しずつ減少し、最終的には、ポテンシャルが極小値となる地点（最小値とは限らない）にトラップされて静止する。例えば、速度$\dot{q}$に比例する抵抗（比例係数：γ）が働く場合の運動方程式は、

$$\ddot{q} = -\gamma\dot{q} - \frac{dV(q)}{dq} \tag{6.10}$$

となる。このとき、抵抗は常に$|\dot{q}|$を小さくする向きに働き、$V(q)$が下に有界ならば、粒子はポテンシャルの極小値で停止する。

🌐 スカラー場のポテンシャル

スカラー場ϕは、時空内部のすべての地点で値を持つ。複数の成分が存在するケースもあり得るが、ここでは、1成分のスカラー場を考えることにする。スカラー場だけが存在するときの運動方程式は、最も単純なケースでは粒子の運動方程式(6.8)を場に拡張した形になり、左辺は時間・空間座標による場の2階微分、右辺は粒子の場合と同じくポテンシャル$V(\phi)$をϕで微分したものになる。

　スカラー場を含む一般相対論を議論するのは、かなり難しいため、さまざまな仮定を置いて簡単化する必要がある。まず場の量子論的な振動を無視しよう。

　§5-3で簡単に記したとおり、場を量子化すると、エネルギーを得た場の振動が、粒子のように振る舞う共鳴状態を形作ることが示される。スカラー場も、振動エネルギーが大きくなると、スカラーの性質を持つ素粒子の集団のように振る舞う。ただし、宇宙論を考える場合、ビッグバンの直後以外では、空間の膨張によって素粒子がほとんど消滅するので、共鳴状態が大きな役割を果たすことはない。したがって、宇宙論でのスカラー場は、場の振動を無視し、量子化されていない古典的な場として扱うことが許される。

　運動方程式やエネルギー運動量テンソルの一般形を求めることは可能だが、式が複雑になるので、これまで通り一様等方空間＋ユークリッド近似のケースに限定させていただく（一般的な式と、そこから一様等方のケースに変形する方法は、【数学的補遺6-4】に記しておく）。

　一様等方性が厳密に成り立つならば、スカラー場ϕは空間座標に依存せず、宇宙標準時tだけの関数になる。この場合、ϕの空間微分はすべてゼロになり、（最も単純なケースでの）運動方程式は次式で表される。

$$\ddot{\phi} = -\left(\frac{3\dot{a}}{a}\right)\dot{\phi} - \frac{dV(\phi)}{d\phi} \tag{6.11}$$

この式は、(6.10)式で比例係数γを$3\dot{a}/a$に置き換えたものと等価である。したがって、$\dot{a}/a$が一定ならば、スカラー場ϕの変動は、速度に比例する抵抗のある流体中での粒子の運動と同じになる。

　スカラー場によるエネルギー密度$\epsilon^{(\phi)}$と圧力$p^{(\phi)}$は、次式で与えられる（この導き方も、【数学的補遺6-4】に記した）。

$$\epsilon^{(\phi)} = \frac{1}{2}\dot{\phi}^2 + V(\phi) \tag{6.12a}$$

$$p^{(\phi)} = \frac{1}{2}\dot{\phi}^2 - V(\phi) \tag{6.12b}$$

　抵抗のある流体中の粒子と同じように、スカラー場ϕがポテンシャル$V(\phi)$の極小値V_0（$V_0 > 0$とする）にトラップされ、$\dot{\phi} = 0$になったとしよう。このとき、エネルギー密度と圧力は逆符号の一定値となる。

$$\epsilon^{(\phi)} = V_0 = -p^{(\phi)}$$

　この関係は、エネルギー密度が圧力の符号を変えたものに等しいという暗黒エネルギーの性質と同じである。

　これまで宇宙定数とか暗黒エネルギーと呼んできたものは、スカラー場が変化しなくなったときのポテンシャルの極小値と解釈することもできる。もちろん、スカラー場のポテンシャル以外の何かが、暗黒エネルギーに寄与する可能性もある（そもそも、ポテンシャルの原点をどこにすべきかが、よくわかっていない）。

🌐 ビッグバンの前と後

　スケール因子 a が満たすべき方程式として、これまで、フリードマン方程式 (3.8) とエネルギー保存則 (3.10) を扱ってきた。ユークリッド近似が適用できる場合について、この2つの式を改めて書いておく。ただし、宇宙定数はスカラー場のポテンシャルに吸収されると仮定して Λ の項は省略し、代わりに (6.12a) (6.12b) 式で表されるスカラー場のエネルギー密度と圧力を考える。また、スカラー場以外にも電磁場や物質場が存在しており、これらによるエネルギー密度 ϵ と圧力 p を、単純な足し算で付け加えることにする。

フリードマン方程式 $\quad \left(\dfrac{\dot{a}}{a}\right)^2 = \dfrac{\kappa}{3}\left(\epsilon + \epsilon^{(\phi)}\right)$

エネルギー保存則 $\quad \dot{\epsilon} + \dot{\epsilon}^{(\phi)} + \dfrac{3\dot{a}}{a}\left(\epsilon + p + \epsilon^{(\phi)} + p^{(\phi)}\right) = 0$

　図6-3 (b) に記したエネルギー供給後の宇宙では、スカラー場がポテンシャルの極小値にトラップされて一定になったと仮定する。この場合、一定値の $\epsilon^{(\phi)}$ を宇宙定数 Λ を使って書き直せば、フリードマン方程式は (3.8) 式に戻る。同様に、エネルギー保存則も (3.10) 式と同じ形になる。したがって、エネルギー供給の瞬間をビッグバンと見なせば、スケール因子がゼロになるまで遡らない点を除くと、ビッグバン後の振る舞いは宇宙定数が正のフリードマン宇宙と同一である。

　それでは、ビッグバン以前の状態はどうなるのだろうか？ 一様性問題が存在しない最も単純なモデルは、放射や物質のエネルギー密度 ϵ と圧力 p がゼロになるケースである。

　ビッグバン以前には、ϕ が一定で、かつ $\epsilon = p = 0$ だったとしよう。このと

き、(6.12a) (6.12b) 式で $\dot{\phi} = 0$ と置けるので、$\epsilon^{(\phi)} = $（一定）というエネルギー保存則が恒等的に成り立つ。

一方、フリードマン方程式は、

$$\left(\frac{\dot{a}}{a}\right)^2 = （一定）$$

となる。$\dot{a}/a = H$　$(H > 0)$ と置き、時間 t が $-\infty$ で a が発散する解を捨てると、スケール因子の振る舞いとして次の解を得る。

$$a \propto \exp(Ht) \tag{6.13}$$

H の定義は、第4章 (4.9) 式でハッブル・パラメータとして導入した $H(t)$ と同じだが、(6.13) 式に現れる H は、正の定数である。

　(6.13) 式で記述される宇宙は、放射も物質もない絶対零度の状態のまま、指数関数的に膨張し続ける。1917年にド・ジッターが見出したのも、これと同じタイプの宇宙である。ただし、ド・ジッターの時代には、「物質が存在しない」と仮定した非現実的な議論とされたが、現在では、「エネルギーがないので素粒子として振る舞う共鳴状態が形成されない」という現実的なケースと解釈できる。無限の過去から膨張を続けるので一様性の謎は現れないが、その代わりに、いかなる物理現象も生じない虚無の世界である。

　こうした宇宙は、もしかしたら、（§4-3で述べたような）ホーキングの量子宇宙として始まったのかもしれない。トンネル効果で誕生した可能性もある。しかし、人類が現在手にしているデータだけでは、確実なことは何も言えない。

🌐 スカラー場が変化する可能性

　ビッグバン前後の状態がここまで記した通りだとすると、図6-3 (b) のような宇宙が実現されるために必要なのは、膨張の途中で生じるエネルギーの供給である。エネルギー保存則の形から推測されるのは、スカラー場のエネルギー密度 $\epsilon^{(\phi)}$ が減少し、それに伴って放射・物質のエネルギー密度 ϵ が増大する過程である[★2]。暗黒エネルギーが解放されて、放射・物質のエネルギーに転化され

★2 … $\epsilon + \epsilon^{(\phi)}$ が一定に保たれるわけではないので、その変化はかなり複雑である。この問題には、これ以上踏み込まない。

ると言ってもよい。

　スカラー場がポテンシャルの極小値にトラップされたまま値を変えなければ、何もない空間が膨張するだけなので、現実の宇宙に見られるような複雑精妙な物理現象は起こりようがない。しかし、ある瞬間にスカラー場の値が変化してエネルギーを解放したとすると、解放されたエネルギーによってすべての場が激しく振動し始め、物質が誕生することになる。この状況は、本書でこれまで議論してきたビッグバンと、実質的に変わらないだろう。しかも、ビッグバンが起きるのは空間が膨張している途中であり、無限小の空間ではないのだから、エネルギー密度は大きいけれども有限であり、無限大のエネルギー密度という不自然な状態にはならない。また、ビッグバン以前の空間膨張が充分に長い期間にわたって続いたとすると、(6.1)式の積分が大きな寄与をもたらすので、一様性の謎は生じない。

　ビッグバン以前にスカラー場によって指数関数的な膨張が起きるという理論は、一般に「インフレーション理論」と呼称される。ただし、この理論にはヴァリエーションがきわめて多く、理論の創始者が誰かもよくわからない。さらに、指数関数的膨張の時期（インフレーション期）が終了してエネルギーを解放するという最も重要なプロセスがどのようにして起きるのか、そのメカニズムに不明な点が多く残されており、いまだに定説と言える段階にはない。

🌐 初期のインフレーション理論

　初期の理論は、1970年代に人気のあった大統一理論（さまざまな素粒子を統一的に扱うモデル）を宇宙論に組み入れようとする試みの一種で、スカラー場としては、大統一理論で用いられるヒッグス場が想定されていた。図6-3 (b)に記した過程とは異なり、このタイプの初期理論では、ビッグバンは2度ある。最初のビッグバンで時空が誕生し、その後に起きるエネルギー解放によって、「いったん過冷却状態になった空間の再加熱」という2度目のビッグバンが生じる。

　話を手短にするため、大統一理論の説明は省略させていただく。さらに、スカラー場のポテンシャル$V(\phi)$の形として、$\phi = 0$にポテンシャルの極小値が、別の（$\phi \neq 0$となる）地点に極小値よりも遥かに低い最小値があると仮定する（図6-4）。最初のビッグバンで高温になった宇宙では、場が激しく振動するこ

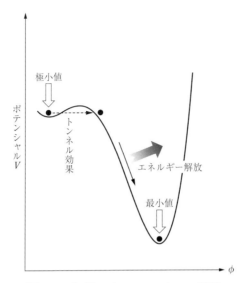

図6-4　初期のインフレーション理論

とによる運動エネルギーの寄与が大きい。こうした振動は$\phi = 0$を中心にして起きるため、温度が低下するにつれて、$\phi = 0$付近で振動のほとんどない状態へと変化し、いったん$V(0)$の極小値にトラップされると考えられる。

　極小値にトラップされた状態が継続する間は、ポテンシャルの極小値が暗黒エネルギーとして振る舞うため、空間が指数関数的に膨張する。この過程で、場の振動によるエネルギー密度は低下を続ける。ただし、極小値にトラップされたままの状態では、ポテンシャルに蓄えられたエネルギーは一定の値を保ち続け、振動のエネルギーとして分配されることがないので、エネルギーの分配を決める指標である温度には寄与しない。結果的に、放射・物質の温度はポテンシャルの値に比べて極端に低くなる。これは、特定部分にエネルギーが偏って蓄積されたまま、それ以外での温度が低下する「過冷却状態」に相当する。

　その後、ポテンシャル障壁を透過するトンネル効果によって、スカラー場がトラップを抜け出すと、ポテンシャルが最小値の状態に落ち込む過程でエネルギーを解放し、空間が再加熱されて高温状態になる——というのが、初期理論の主張だった。

　それなりに面白いモデルではあったが、残念ながら、現実の宇宙と結びつけることはできなかった。このモデルの難点は、トンネル効果の発生が確率的な

ので、空間のあらゆる地点で同時に起きないところにある。トンネル効果によってポテンシャルの最小値に落ち込む領域があちこちで散発的に発生し、その内部のエネルギーは一様にならない。このため、一様性の謎は解決できない。

　オリジナルモデルの改良版もいくつか提案された。ただし、大統一理論の枠組みに縛られる上、宇宙の温度が、高温→過冷却→高温とめまぐるしく上下するという奇妙さは払拭できなかった。

　初期のインフレーション理論では、まず最初のビッグバンで高温状態になった後、一時的なインフレーション期における過冷却状態の中で一様な領域を広範囲に広げ、その上でスカラー場がエネルギーを解放して再び高温状態に戻るとされる。この場合、インフレーション期は過冷却が維持される比較的短い期間に限られるため、背景放射の温度が全天で一様である理由として、「（最初の）ビッグバン直後に宇宙のスケールが何十桁も巨大化したから」と説明される。しかし、次の節で示すように、こうした短期限定の急膨張は、現代的なインフレーション理論では必ずしも仮定されていない。

🌐 スローロール・インフレーション

　1980年代以降、大統一理論を検証しようとする実験がことごとく失敗に終わると、インフレーション理論を大統一理論から切り離し、ヒッグス場とは別に、インフレーションを引き起こすためのスカラー場として「インフラトン場」を導入する理論が考案される。インフラトンについては素粒子論による縛りが何もなく、宇宙論に都合の良いようにモデルをあつらえられるという利点があるが、その一方で、モデルの乱立という問題も避けられない。

　インフラトン場を用いたモデルとしては、図6-5のようにポテンシャルがな

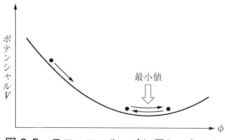

図 6-5　スローロール・インフレーション

だらかになるものが有力視されている。

　ポテンシャルがなだらかで$dV/d\phi$が小さい場合、ϕの運動方程式(6.11)は、速度にほぼ比例する抵抗のある流体内部において、小さな力によって粒子が運動する場合と等価である。粘性のある流体に小さく軽い粒子を落下させたときの運動をイメージすると、わかりやすいだろう。こうした粒子は短時間で終端速度に達し、力と抵抗係数が一定ならば等速度運動をする。スカラー場の場合、$dV/d\phi$や$\dot{a}/a$は必ずしも一定ではないものの、$dV/d\phi$が充分に小さければ、即座に小さな終端速度に達すると見なしてかまわない。

　そこで、スカラー場の時間変化$\dot{\phi}$の2乗が、そのときのポテンシャルの値$V(\phi)$よりも充分に小さいという条件が成り立つものとしよう。この条件は、次式で表される。

$$\dot{\phi}^2 \ll |V(\phi)| \tag{6.14}$$

　スカラー場が変化して$V(\phi)$の値が小さくなると、条件が満たされない可能性も出てくるが、これについては、最小値付近での加熱のプロセスとして改めて述べる。

　(6.14)式が成り立つ場合は、(6.12a)(6.12b)式から次の関係が導かれる。

$$\epsilon^{(\phi)} \approx V(\phi) \approx -p^{(\phi)}$$

　これは、スカラー場が一定のケースと近似的に等しく、スケール因子aがほぼ指数関数的に増大することを意味する。フリードマン方程式(3.8)を使って空間の膨張率（(4.9)式のハッブル・パラメータ）Hを計算すると、次式を得る（$V(\phi) > 0$とする）。

$$H \equiv \frac{\dot{a}}{a} = \sqrt{\frac{\kappa}{3}\left\{\frac{1}{2}\dot{\phi}^2 + V(\phi)\right\}} \approx \sqrt{\frac{\kappa V(\phi)}{3}}$$

　Hはほぼ定数になり、aの変化は(6.13)式と同じ形の指数関数になる。ただし、図6-5のポテンシャルの場合、膨張率Hは、Vが最小値に近づくにつれて少しずつ減少するので、厳密に指数関数的な膨張とはならない。Vの減少に伴ってHの値が小さくなると、ϕの変化を妨げる抵抗も消失する（(6.11)式参照）。その結果、最小値付近でϕは振動するように変化し、この動きが他の場にエネルギーを与えると予想される。これが、インフレーション期の終了に伴う加熱

のプロセスであり、そのエネルギーが充分に大きければ、ビッグバンと見なすことができる。

　もっとも、図6-5のポテンシャルでは、宇宙がどのように始まったかを論じることが困難になる。もし最小値から遠ざかるにつれてポテンシャルがどこまでも大きくなるのならば、始まりの瞬間には、無限大のエネルギーがあったのだろうか？　そうではなく、ポテンシャルの底近くで宇宙が始まったと考えると、今度は、ビッグバンで解放される巨大なエネルギーの説明が難しくなる。

　このような疑問を避けるため、ポテンシャルの形をいろいろと工夫するアイデアが提唱されている。

　例えば、図6-6のように平坦部（プラトー）のあるポテンシャルの場合、当初はポテンシャルの傾きがほぼゼロなので指数関数的な膨張が続き、平坦部の縁に達すると、一気にエネルギーを解放してビッグバンを引き起こすことになる。ただし、ポテンシャルの形がいかにも作為的で、「場の相互作用はこうあるのが自然だ」という第一原理から構築された理論ではないという批判は免れがたいだろう。

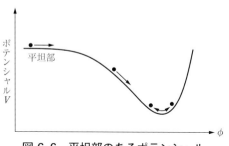

図 6-6　平坦部のあるポテンシャル

　より根源的な疑問としては、宇宙空間の全体でエネルギー解放が起きるのか、特定の部分だけが変化するのかという謎がある。

　フリードマンやルメートルの時代には、アインシュタインの球面状宇宙をベースに、小さな閉じた空間が膨らんでいくというイメージで宇宙の誕生が語られたが、現在では、人間が観測しているのは全宇宙のほんの一部に過ぎないという見方が有力である。

　特定の領域だけでエネルギーが解放される場合、その領域は物質的なエネルギーによって減速されるため、周囲の加速膨張部分に物理的な作用を及ぼすこ

とができず、一個の独立した宇宙（チャイルド・ユニバース）と見なせるようになる。もしかしたら、それぞれ物理定数が大きく異なった数多くの宇宙が存在し、知的生命が発生できる穏やかな宇宙は、ごく稀なのかもしれない。このような独立した宇宙が多数生み出される一方で、母体となる"マザーユニバース"は永遠に加速膨張を続けるという説も提唱されているが、この説を検証する方法はありそうにない。

🌐 観測データの現状

インフレーション理論は1970年代末から多くの物理学者によって研究され、さまざまなヴァリエーションが提案されてきた。それでも、理論として確立されたと言いづらいのは、観測データによって充分な検証が行われておらず、どのモデルが現実的か、なかなか判定できないからである。

モデルの正否を判定するには、背景放射や大規模構造が広域的に見てどのように揺らいでいるか、正確なデータを得る必要がある。厳密に一様等方であれば揺らぎは存在しない。しかし、場の値は不確定性原理によってわずかに揺らいでおり、インフレーションによって揺らぎが広げられるため、広範囲にわたってエネルギー密度に微小な揺らぎが存在するはずである。この揺らぎがどのようになるかを観測できれば、インフレーション理論のモデルに対する制約となる。揺らぎの一部は、プランク衛星（宇宙背景放射観測用に欧州宇宙機関が2009年に打ち上げた人工衛星で、2013年に運用終了）などによって観測されており、$V(\phi) \propto \phi^n \, (n \geq 2)$ という形のポテンシャルは観測データに合致しないと見なされている。

モデルの選別を進めるには、さらに観測の精度を上げなければならないのだが、現在予定されている背景放射の観測や大規模な銀河サーベイによって決定的なデータが得られるかどうかは、はっきりしない。

§6-3 スカラー場の謎

興味深いことに、現代物理学において議論が紛糾する局面では、たびたびス

カラー場が姿を現す。インフレーション理論では、スカラー場のポテンシャルがどのような形状かによって宇宙の歴史が大きく変わるのに、形を決定する指導原理が何もない。それどころか、はたしてスカラー場の存在を仮定してかまわないのか、スカラー場と呼んでいるのは別の何か（例えば、粒子・反粒子がペアで凝縮したもの）がスカラー場のように振る舞っているだけではないのか──という疑問もある。

　素粒子論に登場するヒッグス場も、その正体がまったくつかめないスカラー場である。素粒子の標準模型によると、ヒッグス場はビッグバン直後の温度低下に伴って凝縮したとされる。その凝縮のパターンによって、自然界における物理現象の性質が定まる。現在の理論では、実験データと一致する凝縮を起こすように、ポテンシャルの形や他の場と相互作用するときの結合定数を決めているのだが、現状では、ひどく不自然な決め方をしないとデータを再現できない。例えば、電子とよく似た相互作用を起こす素粒子として、ほかにミュー粒子やタウ粒子が存在するが、その質量は、ミュー粒子が電子の200倍、タウ粒子が3500倍もある。こうした値は、ヒッグス場の性質から導かれるはずなのだが、なぜこのような格差があるのか、合理的な説明はできない。素粒子の標準模型では、格差が生じるような相互作用を仮定することで、つじつまを合わせている。

　ポテンシャルの形だけではなく、その最小値も問題となる。宇宙空間のエネルギー密度が低下し、スカラー場がポテンシャルの最小値に到達したとすると、その値が宇宙定数として宇宙の運命を左右する。しかし、ポテンシャルの値は何を基準に決めたら良いのか、何の手がかりもない。

　素粒子論の分野では、宇宙定数に相当する真空のエネルギーが問題となる。古典的な熱力学では、自然界におけるエネルギーの最低状態は絶対零度であり、あらゆる運動が消失する。しかし、素粒子を生み出す場は、不確定性原理によって量子論的な振動をゼロにすることができず、絶対零度であってもエネルギーが残存する。これが真空に内在する「零点エネルギー」であり、宇宙定数に寄与するはずである。ところが、既存の理論に基づいてその値を計算すると、観測される宇宙定数（あるいは暗黒エネルギー）とは桁違いの巨大な数値になる。なぜ現実の宇宙定数はこれほど小さいのか、もしくは、理論の方に欠陥があるのか？　これも、スカラー場の最低値と関連する問題であり、謎を解く鍵はまったく見いだせない。

現代物理学は、ミクロの極限である素粒子から、マクロの極限である宇宙に至るまで、自然現象の多くを見事に説明したと思われるかもしれない。しかし、実際には、よくわからない部分を、すべてスカラー場の性質に押しつけてしまっただけなのである。スカラー場は、現代物理学における最大の謎であり、その正体を解明することは、21世紀の理論物理学が挑戦すべき課題である。

数学的補遺 6-1　背景放射の温度と赤方偏移

宇宙背景放射は、【数学的補遺5-2】**(2)統計力学的方法**で紹介したプランク分布に従う。1960年代に行われた初期の観測では、いくつかの振動数に限定して放射強度の測定が行われ、係数まで含めた分布関数と比較することで温度Tを推定した。現在では、振動数の広い範囲にわたって観測を行い、測定されたデータと理論的な分布曲線を比較することで、より正確な温度の推定値を求めている。

最終散乱の時期より後に放出された光子の多くは、途中にある物質に散乱されることなく、真空中をひたすら直進し続ける。その過程で空間が膨張するため、振動数に対する分布関数は変化する。ただし、変化するのは分布関数に含まれる温度Tに限られ、それ以外ではプランク分布の式が不変に保たれるという特徴がある。この性質は、落ち着いて考えるとさして不思議ではないものの、勘違いしやすいので、少し丁寧に説明しておこう。

背景放射が放出された直後、振動数が$\nu \sim \nu + d\nu$の範囲にある光子の単位体積当たりの個数（＝数密度）は、次式で表される。【数学的補遺5-2】では具体的に記さなかったが、$c = 1$となる単位系での係数として$2 \times 4\pi$を付け加えた。また、数密度であることを明らかにするため、微小体積dVをあらわに記した。

$$\frac{2 \times 4\pi \nu^2 d\nu dV}{\exp(h\nu/kT_L) - 1}$$

T_Lは分布を決定する唯一のパラメータであり、その値によって、背景放射の温度が定義される。

分子に表れる$4\pi\nu^2 d\nu$は、【数学的補遺5-2】で示したように、光子の持つ運動量$P = h\nu/c$を3つの成分を持つベクトルと見なし、その向きだけを積分した

結果として現れる。さらに2倍するのは、光子が偏光の自由度2を持つため。

放出された光子は、物質と相互作用することなく、一様に膨張する空間内部を進んでいく。放出された時点でのスケール因子a_Lが、空間の膨張によってa'($a' > a_L$)に変化したすると、それぞれの光子が持つ振動数は、次のように減少する（(4.6)式前後の議論を参照。(4.6)式のTは、温度ではなく振動周期なので間違えないように）。

$$\nu \to \nu' = \frac{a_L}{a'}\nu$$

一方、空間が膨張するので、放出直後にVだった体積は、次のように大きくなる。

$$V \to V' = \left(\frac{a'}{a_L}\right)^3 V$$

この式を代入すれば、分布関数の分子は、スケール因子が変化する効果が打ち消し合い、放出直後と時間が経過した後で同一になることが示される。

$$4\pi\nu^2 d\nu dV \to 4\pi\nu'^2 d\nu' dV' = 4\pi \left(\frac{a_L}{a'}\nu\right)^2 d\left(\frac{a_L}{a'}\nu\right) d\left\{\left(\frac{a'}{a_L}\right)^3 V\right\}$$

$$= 4\pi\nu^2 d\nu dV$$

もちろん、こうした打ち消し合いが生じるのは偶然ではない。それぞれ3次元の成分を持つ空間の間隔と運動量が、空間の膨張によって逆の割合で変化した結果である。

最終散乱直後に放出されてから任意の時間が経過した後の光子の分布は、振動数の変化に伴って温度をT_LからT'に書き換えた点だけが異なる式で表される。

$$T_L \to T' = \frac{a_L}{a'}T_L$$

最終散乱から宇宙標準時で138億年が経過し、スケール因子はa_Lから現在のa_Pに変化した。背景放射の強度分布から得られる現在の温度$T_P = 2.725$ [度]は、これまでの議論からわかるように、背景放射が放出された時刻の温度$T_L = 3000$ [度]に、a_L/a_Pを乗じた値である。

$$T_P = \frac{a_L}{a_P}T_L$$

まだ水素とヘリウム以外の原子がほとんど存在しない時期に放出された背景放射の場合、原子の線スペクトルを基に赤方偏移を求めるのは困難である。しかし、(4.6)式に示した赤方偏移 z とスケール因子の関係を使えば、放出時点と観測時点の温度の比を使って、背景放射の赤方偏移 z_L を求めることができる。

$$z_L = \frac{a_P}{a_L} - 1 = \frac{T_L}{T_P} - 1 \approx 1100$$

本文では、この値を背景放射の赤方偏移として採用した（現在の観測データを使うと、もう少し精密な数値が得られる）。

最終散乱面までの距離

現在の地球に背景放射として宇宙から降り注ぐ光は、電子と陽子の大部分が中性の水素原子となった時期に放出されたものである。赤方偏移から光の放出時刻を求める式は、第4章【数学的補遺4-1】に与えておいた。そこで用いた式を積分する前の段階で表すと、次のようになる（最終散乱は物質優勢期に入って以降に起きるので、エネルギー密度に放射の項は含めなくてかまわない）。

$$dt = \frac{da}{a\sqrt{\frac{\Lambda}{3} + \frac{\kappa M}{3a^3}}} = \frac{d\zeta}{\zeta H\sqrt{\Omega_\Lambda + \Omega_M/\zeta^3}}$$

ただし、$\zeta = a/a_P$（a_P は現在のスケール因子）、H はハッブル定数で、その他の記号は、【数学的補遺4-1】を参照していただきたい。

これを(6.3)式に当てはめると、物理的距離で表した最終散乱面の半径 d_L は、次式で与えられる。

$$d_L = a_L \int_{t_L}^{t_P} \frac{dt}{a} = a_L \int_{a_L}^{a_P} \frac{da}{a^2\sqrt{\frac{\Lambda}{3} + \frac{\kappa M}{3a^3}}}$$

$$= \frac{a_L}{a_P H} \int_{\frac{1}{1+z_L}}^{1} \frac{d\zeta}{\zeta^2\sqrt{\Omega_\Lambda + \Omega_M/\zeta^3}}$$

a_L は最終散乱時のスケール因子（$a_L = a(t_L)$）、z_L は背景放射の赤方偏移である。また、球面となる最終散乱面の中心は、地球の位置（共動座標で表した現在の地球の座標）となる。宇宙空間の膨張に伴って、背景放射が放出された地

点は、現在、d_Lのa_P/a_L倍の距離に遠ざかっている。

(4.6)式に示した関係式$a_P/a_L = 1 + z_L$を使って変形すると、次のようになる。

$$d_L = \frac{1}{(1 + z_L) H} \times C_1$$

ただし、

$$C_1 = \int_{\frac{1}{1+z_L}}^{1} \frac{d\zeta}{\zeta^2 \sqrt{\Omega_\Lambda + \Omega_M/\zeta^3}} = \int_{1}^{1+z_L} \frac{d\xi}{\sqrt{\Omega_\Lambda + \Omega_M \xi^3}}$$

C_1は楕円積分を使って表せるが、パソコンがあるなら数値積分した方が手っ取り早い。観測データに基づいて、$\Omega_\Lambda = 0.7$、$\Omega_M = 0.3$、$z_L = 1100$と置き、数値積分によって計算すると、$C_1 = 3.2$を得る（それぞれの観測データに数%程度の誤差が含まれる）。

数学的補遺
6-3

一様になり得る範囲

　頻繁に相互作用を行うことでエネルギー分布に偏りがなく一様な温度になる範囲をきちんと計算するには、物理学の広範な知識を必要とする。計算に必要な式を立てる際に、エネルギーが具体的にどのようにして伝えられるかを特定しなければならないからである。ここでは、実際に一様になる範囲よりは相当広いものの、その上限である「光が到達し得る距離D」についてだけ考えることにしよう。これならば、計算すべき式は、すでに(6.1)式として与えておいた。

　(6.1)式の積分範囲は、ビッグバン直後（$t = 0$）から最終散乱の時期（t_L）までなので、放射優勢期と物質優勢期をまたぐ期間になる。したがって、エネルギー密度として、物質の質量に起因するΩ_Mだけでなく、放射（光速粒子）に起因するΩ_Rも考慮する必要がある（Ω_Rは、(5.15)式で導入した。また、式を簡単にするため、ユークリッド近似で話を進める）。

$$D = a_L \int_0^{t_L} \frac{dt}{a} = \frac{1}{(1 + z_L) H} \int_0^{\frac{1}{1+z_L}} \frac{d\zeta}{\zeta^2 \sqrt{\Omega_\Lambda + \Omega_M/\zeta^3 + \Omega_R/\zeta^4}}$$

　ここで、積分範囲が ζ で 0 から 0.0009 までであり、観測データによれば $\Omega_\Lambda = 0.7$、$\Omega_M = 0.3$ となるので、被積分関数における Ω_Λ の項は無視することが許される。

$$D \approx \frac{1}{(1 + z_L) H} \int_0^{\frac{1}{1+z_L}} \frac{d\zeta}{\sqrt{\Omega_M \zeta + \Omega_R}} \equiv \frac{1}{(1 + z_L) H} \times C_2$$

C_2 は、次式で与えられる数である。

$$C_2 = \frac{1}{\sqrt{\Omega_M}} \int_0^{\frac{1}{1+z_L}} \frac{d\zeta}{\sqrt{\zeta + \Omega_R/\Omega_M}}$$

$$= \frac{2}{\sqrt{\Omega_M}} \left(\sqrt{\frac{1}{1 + z_L} + \Omega_R/\Omega_M} - \sqrt{\Omega_R/\Omega_M} \right)$$

　観測データによれば、$\Omega_R = 8.4 \times 10^{-5}$ 程度である。$z_L = 1100$ など、これまでに示した値を入れて計算すると、

$$C_2 = 6.5 \times 10^{-2}$$

となる。C_2 が 1 に比べてかなり小さい理由は、最終散乱の時期がビッグバンに近く積分範囲が狭いことと、初期のエネルギー密度が大きく被積分関数が抑えられることである。

　以上のようにして求めた D は、ビッグバン直後に放出された光が、仮に散乱されないとして到達し得る距離であり、温度が一様になる範囲ではないが、その上限を与える。

数学的補遺 6-4　スカラー場の運動方程式

　第1章【数学的補遺1-1】で、粒子の運動が作用 S によって決まると書いたが、同じように、場の変動も作用の式を与えることで完全に決定される。スカラー場だけが存在し、時空の伸縮がない（すなわち、特殊相対論が適用できる）ならば、最も単純な作用は次式で表される。

$$S^{(\phi)} = \int d^4 x \left[\frac{1}{2} \left\{ \left(\frac{\partial \phi}{\partial t} \right)^2 - (\nabla \phi)^2 \right\} - V(\phi) \right]$$

ただし、∇は空間座標に関するベクトル演算子である。

$$\nabla \equiv \left(\frac{\partial}{\partial x}, \frac{\partial}{\partial y}, \frac{\partial}{\partial z} \right)$$

ϕ が従う運動方程式は、「$S^{(\phi)}$ が極値をとるときの ϕ が解になる」という条件から求められる。計算過程は省略して結果だけ書いておくが、この式が、粒子の運動方程式 (6.8) を場の理論に拡張したものであることは、すぐにわかるだろう。

$$\frac{\partial^2 \phi}{\partial t^2} - \triangle \phi = -\frac{dV(\phi)}{d\phi}$$

$\triangle$ は、第1章にも登場したラプラシアンである。

$$\triangle \equiv \frac{\partial^2}{\partial x^2} + \frac{\partial^2}{\partial y^2} + \frac{\partial^2}{\partial z^2}$$

時空が伸び縮みする一般相対論になると、作用が次のように書き換えられる。

$$S^{(\phi)} = \int d^4 x \sqrt{-\det g} \left\{ -\frac{1}{2} \sum_{\mu,\nu=0}^{3} g^{\mu\nu} \frac{\partial \phi}{\partial x^\mu} \frac{\partial \phi}{\partial x^\nu} - V(\phi) \right\}$$

$\det g$ は、計量場 $g_{\mu\nu}$ を4行4列の行列と見なしたときの行列式を表す。一様等方空間でユークリッド近似を採用したときの計量場は (3.2) 式で与えられるので、

$$\sqrt{-\det g} = a^3$$

となる。

積分に現れる微分量 $d^4 x = dt\,dx\,dy\,dz$ は、座標変換をすると変わってしまう量だが、これに $\sqrt{-\det g}$ を乗じると、不変量になる。このことは、一様等方空間+ユークリッド近似のケースで考えると、

$$d^4 x \sqrt{-\det g} = dt\,(adx)(ady)(adz)$$

となるので、わかりやすい。宇宙標準時の微分量 dt や、共動座標の微分量にスケール因子を乗じた adx などは、いずれもその場所における原子時計や単結晶製の物差しで測れる物理的な間隔であり、ローカルな物理現象の尺度となる「固有時」や「固有長」だからである（ヤコビアンの知識があるなら、言われなくてもわかるだろうが）。

　一般相対論における運動方程式も、作用 $S^{(\phi)}$ から導くことができ、次式で表される（導き方は省略。知りたい人は、大学院生向けの一般相対論の教科書で勉強してほしい）。

$$\frac{-1}{\sqrt{-\det g}} \sum_{\mu,\nu=0}^{3} \frac{\partial}{\partial x^\mu} \left\{ \sqrt{-\det g}\, g^{\mu\nu} \frac{\partial \phi(x)}{\partial x^\nu} \right\} = -\frac{dV(\phi)}{d\phi}$$

　一様等方性が厳密に成り立つ場合、スカラー場 ϕ とスケール因子 a は宇宙標準時 t の関数となるため、運動方程式は次のように変形できる。

$$\frac{1}{a^3} \frac{d}{dt} \left\{ a^3 \frac{d\phi(t)}{dt} \right\} = -\frac{dV(\phi)}{d\phi}$$

これを書き直すと、本文で記した(6.11)式が導かれる。

　スカラー場のエネルギー運動量テンソルは、次式で与えられる（こちらも導き方は省略）。

$$T_{\mu\nu}^{(\phi)} = -g_{\mu\nu} \sum_{\rho,\sigma=0}^{3} \left\{ \frac{1}{2} g^{\rho\sigma} \frac{\partial \phi}{\partial x^\rho} \frac{\partial \phi}{\partial x^\sigma} + V(\phi) \right\} + \frac{\partial \phi}{\partial x^\mu} \frac{\partial \phi}{\partial x^\nu}$$

　一様等方空間＋ユークリッド近似の場合、ϕ は宇宙標準時 t だけの関数で、計量場とその逆は、(3.2)式と(3.4)式で与えられる。ϕ が t だけの関数であることを使うと、次式が得られる（ドットは t による微分）。

$$T_{00}^{(\phi)} = + \left\{ -\frac{1}{2} \dot{\phi}^2 + V(\phi) \right\} + \dot{\phi}^2$$

$$T_{11}^{(\phi)} = T_{22}^{(\phi)} = T_{33}^{(\phi)} = -a^2 \left\{ -\frac{1}{2} \dot{\phi}^2 + V(\phi) \right\}$$

　これと、エネルギー密度 ϵ、圧力 p を使ったエネルギー運動量テンソルの式（(3.7)式）を見比べれば、本文における(6.12a)(6.12b)式が得られる。

科 学 史 の 窓
インフレーション理論の変貌

　インフレーション理論は、1970年代末に複数の物理学者が思いつき、次々と論文を書いたことに始まる。この時期は、素粒子論の分野で、ゲージ理論に基

づく統一モデルが盛んに研究されており、その副産物として、宇宙論と素粒子論を結びつける議論が始まった。

　ゲージ理論の統一モデルとして最も成功を収めたのが、ワインバーグ＝サラム＝グラショウの電弱統一理論である。ここで使われるのが、ヒッグス機構と呼ばれるスカラー場を用いたテクニック。ゲージ理論における対称性（ゲージ対称性）の破れを説明するのに利用された。

　ゲージ対称性を論じるには多くの予備知識が必要なので、ここでは素朴な例を使って説明しよう。

　ビッグバン直後の宇宙空間は、エネルギー密度が一様で、どの方向を見ても同じような現象が起きていた。しかし、ビッグバンから数千万年以上経過すると、冷たくなった物質が凝集するため、所々に天体が形成され、その周辺での一様等方性が失われる。初期宇宙では、どの方向を見ても同じような物理現象が起きていたが、球状の天体が形成されると、天体の近くでは鉛直方向と水平方向で物体の運動に違いが生じる。「落体の法則」を物理法則と考えるならば、この法則は「方向によらずに成り立つ」とは言えない。物質の凝集によって天体が形成された結果、「空間内部でどのように回転しても世界が同じように見える」という3次元回転対称性に関して、対称性のある世界から失われた世界へと変化したのである。

　ゲージ対称性の破れとは、これとよく似た現象である。ヒッグス場と呼ばれるスカラー場が、ゲージ空間という数学的な仮想空間内部に凝集（物質粒子ではないので凝縮と言うべきか）し、本来存在するはずのゲージ対称性が失われた物理法則に支配されるようになる。

　こうした対称性の破れは、宇宙史のごく初期に起きたと考えられる。高温状態では、ヒッグス場は激しく振動して凝縮しないが、温度が下がると凝縮が始まる。ヒッグス場の凝縮は、ちょうど宇宙空間で天体の形成によって回転対称性が破られるのと同じように、ゲージ対称性を破る。ただし、落体の法則が特定の天体の周囲だけで成り立つローカルな法則であるのと同様に、ゲージ対称性の破れた宇宙は、たくさんある宇宙の一つにすぎないとも考えられる。

　1970年代、ゲージ対称性の破れについて研究していた物理学者は、宇宙における温度変化が場の状態にどのような影響を与えるかを調べるうちに、ヒッグス場が宇宙の進化そのものに直接的に関与する可能性を発見した。こうして、1970年代末に、スカラー場が宇宙空間の膨張を大きく左右するという理論が生

まれたのである。

インフレーション理論は、複数の物理学者によって同時多発的に研究され始めたので、その起源を明確にするのは難しい。しかし、「インフレーション」という言葉を誰が使い出したかは、はっきりしている。1981年にアラン・グースが執筆した論文で、インフレーションという用語が広く知られるようになった。

グースのモデルは、（本文でも記したように）最初のビッグバンの後、一時的に過冷却状態が生じ、その間に急激に空間が膨張するというものだった。短い期間に空間のスケールが何十桁も巨大化したと主張し、この急膨張の期間を「インフレーション期」と呼んだのである。

しかし、適切なタイミングでいっせいにインフレーションを終了させるメカニズムが存在しないことから、このモデルはしだいに人気を失った。代わって、インフレーション期以前の高温状態を想定せず、指数関数的な加速膨張の途中でエネルギーの解放が起きるというモデルが注目されるようになる。関与するスカラー場も、素粒子論で利用されたヒッグス場では具合が悪いとされ、まったく別のインフラトン場が使われるようになった。グースが提案したインフレーション期のイメージとはかなり異なるが、インフレーションという用語は今も使われ続けている。

新たなインフレーション・モデルとしては、いくつもの変種が提案され、その多くは、理論的な欠陥や観測データとの不一致が指摘されて見捨てられた。生き残っているのは、平坦部から最小値に向かってポテンシャルが大きく変化するモデルなどに限られるが、なぜこんな奇妙なポテンシャルになるのか、多くの物理学者を納得させる説明はない。

ビッグバンの前に指数関数的な膨張が起きていたという主張は、一様性の謎を解決する最も有力なモデルである。しかし、研究に着手されてから40年以上経つのに、まだ観測データによって検証がなされたわけではなく、宙ぶらりんの状態である。インフレーション理論に取って代わるアイデアがいくつか提案されたものの、多くの支持を集めるには至っていない。

さらに学ぶために——関連図書リスト

「はじめに」にも記したように、本書は、高校で教わる物理と数学をマスターした読者を想定し、より本格的な宇宙論を学習するためのステップとして使われることを期待して執筆した。ここでは、本書読了後に手に取ってほしい書物を紹介したい。

まずお勧めしたいのは、「はじめに」でも言及したワインバーグの著書である。

スティーブン・ワインバーグ著『ワインバーグの宇宙論（上・下）』小松英一郎訳、
　日本評論社（2013）
〔原著：Steven Weinberg. *Cosmology*. Oxford University Press, 2008〕

原著は2008年刊で、90年代後半にIa型超新星を標準光源として得られた加速膨張のデータを取り入れている。本書では取り上げなかった宇宙論的揺らぎについても詳しく解説してあり、現代的宇宙論の解説書としては最良のものと言えよう。ただし、一般相対論についての説明は必要最小限にとどめており、学部専門課程で基礎理論を勉強した学生向けの内容である。

ワインバーグには、これ以前に執筆された次の著書もある。残念ながら邦訳はない。

Steven Weinberg. *Gravitation and Cosmology: Principles and
　Applications of the General Theory of Relativity*. John Wiley &
　Sons, 1997.

『ワインバーグの宇宙論』で省略された一般相対論の解説をはじめ、観測的宇宙論の基礎などが系統的に詳しく論じられる。1972年の出版であるため、加速膨張には触れられず減速膨張の傾向が見られるといった不適切な記述もあるが、宇宙初期の元素合成に関する詳細な議論は、今なお読み応えがある。出版時にワイ

ンバーグはまだ30歳代であり、物凄い秀才の底力を見せつける。

　上記の著書以外にも、宇宙論に関する出版物は数多くある。難易度やデータの扱いに差があるので、自分の興味やレベルに応じたものを見つけていただきたい。以下、教科書的な概説書を挙げておく。

『宇宙論I──宇宙のはじまり（第2版）』（シリーズ現代の天文学 第2巻）佐藤勝
　彦／二間瀬敏史編、日本評論社（2012）

『宇宙論II──宇宙の進化（第2版）』（シリーズ現代の天文学 第3巻）二間瀬敏史
　／池内了／千葉柾司編、日本評論社（2019）

松原隆彦著『宇宙論の物理（上・下）』東京大学出版会（2014）

小玉英雄著『相対論的宇宙論』（パリティ物理学コース）丸善出版（2015〔初版
　は1991〕）

　次の著書は、専門家向けで"超"がつくほど難解だが、宇宙論や理論天文学の研究者を志すならば、いつかはチャレンジしてほしい（チャレンジした結果がどうなるかは、何とも言えないが）。

スティーブン・ホーキング／ジョージ・エリス著『時空の大域的構造』富岡竜太
　ほか訳、プレアデス出版（2019）

〔原著：Stephen Hawking and George F. R. Ellis. *The Large Scale
　Structure of Space-Time* (Cambridge Monographs on Mathematical
　Physics). Cambridge University Press, 1974〕

　日本語で読める一般相対論の教科書には、内山龍雄著『一般相対性理論』（裳華房、1978）、須藤靖著『一般相対論入門』（日本評論社、2005）などがある。海外の教科書はさらに数多く、自分に馴染むものを探すのが良いだろう。ここでは、筆者（吉田）が最も影響を受けた古典を挙げておく。

エリ・デ・ランダウ／イェ・エム・リフシッツ著『**場の古典論（原書第6版）**』（ランダウ＝リフシッツ理論物理学教程 第2巻）恒藤敏彦／広重徹訳、東京図書（1978〔原著は1962〕）

　特殊相対論、真空中の電磁気学、一般相対論を、最小作用の原理をベースに統一的に扱った著書。相対性理論において何が原理かを、明確に論述している。電磁気学がガウス単位系で記述されるなど、現在の学生には取っ付きにくいかもしれない。
　一般相対論の参考書としては次の著書も有名だが、網羅的でやや読みにくい。

チャールズ・W・ミスナー／キップ・S・ソーン／ジョン・アーチボルド・ホイーラー著『**重力理論**』若野省己訳、丸善出版（2011）
〔原著：Charles W. Misner, Kip S. Thorne and John Archibald Wheeler. *Gravitation*. W. H. Freeman & Co., 1973〕

　天文学・宇宙論関係の歴史的な論文は、次の論文集で読むことができる（英語以外の文献は英訳。抄録のものも多い）。

A Source Book in Astronomy and Astrophysics, 1900–1975 (Source Books in the History of the Sciences), edited by Kenneth R. Lang and Owen Gingerich. Harvard University Press, 1979.

　自分で購入する必要はないが、大学図書館などで見つけた場合は、目次をじっくり眺め、興味を感じた論文を読んでいただきたい。古典なので今となっては誤った記述も少なくないが、必ずや得るものがあるはずだ。
　アインシュタイン、ルメートル、ハッブルらの古典的論文は、ネットで検索すれば無料で手に入る。

※「一般相対論」「アインシュタイン」など、頻出する一般的な用語は省略。
※専門用語のうち、きわめて登場頻度の高い「計量場」と「スケール因子」は、初出ページのみ太字で記す。
※直後のページで使用されるケースは省略したが、章全体にわたって繰り返し登場する場合は、ページの後にハイフンを付けた。

人　名　索　引

著者紹介

吉田伸夫
（よしだのぶお）

1956年、三重県生まれ。東京大学理学部卒業、東京大学大学院博士課程修了。理学博士。専攻は素粒子論（量子色力学）。科学哲学や科学史をはじめ幅広い分野で研究を行っている。ホームページ「科学と技術の諸相」（http://scitech.raindrop.jp/）を運営。著書に、『光の場、電子の海』（新潮社）、『素粒子論はなぜわかりにくいのか』『量子論はなぜわかりにくいのか』『科学はなぜわかりにくいのか』『この世界の謎を解き明かす 高校物理再入門』（いずれも技術評論社）、『明解 量子重力理論入門』『明解 量子宇宙論入門』『完全独習相対性理論』『宇宙に「終わり」はあるのか』『時間はどこから来て、なぜ流れるのか？』（いずれも講談社）など多数。

NDC421　251p　21cm

宇宙を統べる方程式　高校数学からの宇宙論入門
（うちゅうをすべるほうていしき　こうこうすうがくからのうちゅうろんにゅうもん）

2021年　9月　9日　　第1刷発行

著　者　吉田伸夫（よしだのぶお）

発行者　髙橋明男

発行所　株式会社　講談社　　KODANSHA

　　　　〒112-8001　東京都文京区音羽2-12-21
　　　　　　　販売　（03）5395-4415
　　　　　　　業務　（03）5395-3615

編　集　株式会社　講談社サイエンティフィク

　　　　代表　堀越俊一

　　　　〒162-0825　東京都新宿区神楽坂2-14　ノービィビル
　　　　　　　編集　（03）3235-3701

印刷所　豊国印刷株式会社

製本所　株式会社国宝社

ISBN978-4-06-525119-5

講談社の自然科学書

※表示価格には消費税（10%）が加算されています。　　　　　「2021 年 8 月現在」

講談社サイエンティフィク　https://www.kspub.co.jp/

講談社の自然科学書

超ひも理論をパパに習ってみた	橋本幸士・著	定価 1,650 円
「宇宙のすべてを支配する数式」をパパに習ってみた	橋本幸士・著	定価 1,650 円
なぞとき 宇宙と元素の歴史	和南城伸也・著	定価 1,980 円
なぞとき 深海 1 万メートル	蒲生俊敬／窪川かおる・著	定価 1,980 円
ディープラーニングと物理学	田中章詞／富谷昭夫／橋本幸士・著	定価 3,520 円
これならわかる機械学習入門	富谷昭夫・著	定価 2,640 円
古典場から量子場への道 増補第 2 版	高橋康／表實・著	定価 3,520 円
量子力学を学ぶための解析力学入門 増補第 2 版	高橋康・著	定価 2,420 円
量子場を学ぶための場の解析力学入門 増補第 2 版	高橋康／柏太郎・著	定価 2,970 円
新装版 統計力学入門 愚問からのアプローチ	高橋康・著 柏太郎・解説	定価 3,520 円
基礎量子力学	猪木慶治／川合光・著	定価 3,850 円
量子力学 I	猪木慶治／川合光・著	定価 5,126 円
量子力学 II	猪木慶治／川合光・著	定価 5,126 円
入門 現代の量子力学 量子情報・量子測定を中心として	堀田昌寛・著	定価 3,300 円
共形場理論入門 基礎からホログラフィへの道	疋田泰章・著	定価 4,400 円
マーティン／ショー 素粒子物理学 原著第 4 版	B. R. マーティン／ G. ショー・著	
駒宮幸男／川越清以・監訳 吉岡瑞樹／神谷好郎／織田勧／末原大幹・訳		定価 13,200 円
スピントロニクスの基礎と応用 理論、モデル、デバイス		
T. Blachowicz／A. Ehrmann・著 塩見雄毅・訳		定価 5,500 円
明解 量子重力理論入門	吉田伸夫・著	定価 3,300 円
明解 量子宇宙論入門	吉田伸夫・著	定価 4,180 円
ひとりで学べる一般相対性理論	唐木田健一・著	定価 3,520 円
完全独習 現代の宇宙物理学	福江純・著	定価 4,620 円
完全独習 相対性理論	吉田伸夫・著	定価 3,960 円
宇宙地球科学	佐藤文衛／綱川秀夫・著	定価 4,180 円
医療系のための物理学入門	木下順二・著	定価 3,190 円
ライブ講義 大学 1 年生のための数学入門	奈佐原顕郎・著	定価 3,190 円
ライブ講義 大学生のための応用数学入門	奈佐原顕郎・著	定価 3,190 円
やさしい信号処理	三谷政昭・著	定価 3,740 円
微分積分学の史的展開	高瀬正仁・著	定価 4,950 円

※表示価格には消費税（10%）が加算されています。 「2021 年 8 月現在」

講談社サイエンティフィク https://www.kspub.co.jp/